高等职业教育新目录新专标
电子与信息大类教材

NoSQL 数据库技术

陶艺文　蒋卫祥　**主编**
贾　鑫　赵　双　王雨萱　**参编**

电子工业出版社
Publishing House of Electronics Industry
北京·BEIJING

内 容 简 介

本书是以最新非关系型数据库准则、软件开发动态以及企业实际应用场景为指导进行编写的，主要满足高等职业教育软件技术、大数据应用开发、人工智能专业数据存储、分析、挖掘等课程的教学需要。本书编写团队以 NoSQL 技术的综合应用倒推理论知识，以项目贯穿、任务驱动进行内容组织，以 MongoDB 和 Redis 数据库为依托入门，由点到面、由浅入深，通过 7 个单元的内容，介绍了 NoSQL 基础知识、分布式架构、MongoDB 和 Redis 数据库的理论与操作。相较于市面上已经出版的同类书籍，本书在难度和深度上更适用于职业教育。此外，本书强调理实一体化，以注重引领学生举一反三、即学即用、提高综合技术素质为要点，我们基于 MongoDB、Redis 分别编写了一个 Java 开发实训项目，使读者真正做到学以致用。

本书内容翔实、结构清晰、代码完整，配套资源丰富，既适合想全面了解 NoSQL 知识的高校学生、教师及相关 IT 工程师参考学习，也适合作为其他对 NoSQL 数据库感兴趣的技术人员的入门参考用书。

未经许可，不得以任何方式复制或抄袭本书之部分或全部内容。
版权所有，侵权必究。

图书在版编目（CIP）数据

NoSQL 数据库技术 / 陶艺文, 蒋卫祥主编. -- 北京：电子工业出版社, 2024.9. -- ISBN 978-7-121-48619-7

Ⅰ. TP311.132.3

中国国家版本馆 CIP 数据核字第 2024BD2469 号

责任编辑：贺志洪
印　　刷：三河市龙林印务有限公司
装　　订：三河市龙林印务有限公司
出版发行：电子工业出版社
　　　　　北京市海淀区万寿路 173 信箱　邮编：100036
开　　本：787×1092　1/16　印张：13.25　字数：339.2 千字
版　　次：2024 年 9 月第 1 版
印　　次：2024 年 9 月第 1 次印刷
定　　价：46.00 元

凡所购买电子工业出版社图书有缺损问题，请向购买书店调换。若书店售缺，请与本社发行部联系，联系及邮购电话：(010) 88254888，88258888。
质量投诉请发邮件至 zlts@phei.com.cn，盗版侵权举报请发邮件至 dbqq@phei.com.cn。
本书咨询联系方式：(010) 88254609 或 hzh@phei.com.cn。

前　言

一、缘起

随着新一代信息技术的发展，在分布式系统、大数据应用开发等方面对数据库的存储容量要求越来越高，同时要求频繁读写与修改。传统的 RDBMS 无法适应新型的业务需求，NoSQL 数据库技术出现的目的就是适应大规模 Web 应用，NoSQL 数据库具有易扩展、大数据量、高性能、灵活的数据模型、高可用性等优点。

本书是软件技术教学资源库建设项目"NoSQL 数据库技术"课程的配套教材。该书提供了丰富的教学、学习资源，可提供教师、学生、企业人员和社会学习者参考、学习和使用，资源包括课程简介、课程标准、整体设计、单元设计、微课视频、课程 PPT、习题试题库、源代码等。

二、结构

本书分为 7 个单元，包括：NoSQL 数据库技术简介、MongoDB 入门、MongoDB 进阶、MongoDB 综合应用、Redis 入门、Redis 进阶、Redis 综合应用。

每个单元都由"学习目标"与若干"任务""归纳总结""在线测试"组成，除了单元 1 外，其余各单元每个任务均包括：任务情境、任务准备、任务实施、任务评价与任务拓展。

"学习目标"阐明了本单元学习的知识目标、能力目标、思政目标。

"任务情境"对本单元要完成的任务场景进行描述，并且进行任务布置。

"任务准备"分析任务的内容、任务完成所需的知识。

"任务实施"给出任务完成的具体步骤。

"任务评价"填写任务评价表，分析任务完成情况。

"任务拓展"给出了与任务配套的拓展练习，巩固所学知识。

"在线测试"给出了在线测试练习，包括填空题、单项选择题、判断题、多项选择题等，以巩固学生对本单元知识点的理解。

三、特点

1. 强调技能训练和动手能力培养，重在培养应用型人才

本书以培养 NoSQL 数据库开发能力为目标，注重 NoSQL 项目开发技术的应用，通过

7个独立单元，对 NoSQL 知识点进行精心编排，通过单元的学习，加深对所学知识的理解，通过各任务的任务实施和任务拓展，强化学生分析问题和解决问题的能力，激发学生的创新实践能力。

2. 基于工作过程，又注意教材的理论性和科学性

本书基于软件开发的工作过程对课程内容进行精心编排，通过入门、进阶、综合应用的递进方式使读者掌握 NoSQL 数据库开发技术，并通过配套拓展项目创新实践的方式，激发学生对相关知识的学习兴趣，以进一步掌握 NoSQL 数据库的设计思想。本书由企业技术专家与学校教师共同开发。企业技术专家参与项目选择、项目实训的编写，并且在技术的选择以及项目分析、测试方面提出了很多建议。

3. 丰富的配套资源

本书配套资源包括课程简介、课程标准、整体设计、单元设计、微课视频、课程PPT、习题试题库、源代码等。

四、使用

对每个单元的教学，首先介绍"学习目标""任务情境"，然后讲解"任务准备"，最后分析"任务实施"。

本书中所有代码都是在 Java 开发环境中编写的，开发工具使用的是 IDEA2020，MongoDB 版本是 4.4.10，Redis 版本是 5.014。

本书是高等职业教育软件技术专业教学资源库"NoSQL 数据库技术"课程的配套教材，开发了丰富的数字化教学资源，如下表所示。

序号	资源名称	表现形式
1	课程简介	Word 电子文档，包括课程内容、课时安排、适用对象、课程的性质和地位等，让学习者对 NoSQL 数据库项目开发课程有一个初步认识
2	课程标准	Word 电子文档，包含课程定位、课程目标要求以及课程内容与要求，可供教师备课时使用
3	整体设计	Word 电子文档，包含课程设计思路、课程的具体目标要求以及课程内容设计和能力训练设计，同时给出考核方案设计，让教师理解课程的设计理念，有助于教学实施
4	单元设计	Word 电子文档，对每一个单元的教学内容、重点难点和教学过程等进行了详细的设计，可供教师教学备课时参考
5	课程 PPT	PPT 电子文件，提供 PowerPoint 教学课件，可供教师备课、授课使用，也可供学习者使用
6	微课视频	MP4 视频文件，提供教材全部内容微课视频，可供学习者、教师学习、参考
7	习题试题库	Word 电子文档及网上资源，习题库给出各单元配套的课后习题供学生巩固所学习的知识；试题库提供考察项目内容及要求，让学习者了解对所学知识的掌握情况
8	源代码	Word 电子文档及项目源代码，给出全书所涉及的项目源代码，可供教师和学生学习使用

五、致谢

本书由蒋卫祥、陶艺文、贾鑫、赵双、王雨萱编著，其中，王雨萱编写单元 1，陶艺文编写单元 2 和单元 3 的 3.3，赵双编写单元 3 的 3.1、3.2 和单元 4，蒋卫祥编写单元 5，贾鑫编写单元 6、单元 7。

本书在编写过程中得到朱利华、郭永洪、王小刚、张静等老师的大力支持和帮助，他们提出了许多宝贵意见和建议，在此向他们表示衷心的感谢。本书在编写过程中还得到江苏万和系统工程有限公司的苏正坤、赵健两位高级工程师的帮助，他们对项目选择、项目实训、任务设计提出了很多宝贵意见，在此对他们表示感谢。

由于水平有限，本书难免出现问题，敬请广大读者批评指正。

编 者

2023 年 11 月

目 录

单元 1　NoSQL 数据库技术简介 ·· 1
学习目标 ··· 1
任务 1.1　认识 NoSQL ··· 1
任务情境 ·· 1
【任务场景】 ·· 1
【任务布置】 ·· 1
任务准备 ·· 1
1.1.1　了解 NoSQL 的发展史 ·· 1
1.1.2　学习 NoSQL 的相关术语 ··· 3
1.1.3　了解 NoSQL 的基础理论 ··· 4
1.1.4　了解 NoSQL 的种类与特性 ·· 5
任务 1.2　认识 MongoDB ··· 8
任务情境 ·· 8
【任务场景】 ·· 8
【任务布置】 ·· 8
任务准备 ·· 8
1.2.1　了解文档型数据库 MongoDB ··· 8
1.2.2　学习 MongoDB 的相关术语 ·· 9
1.2.3　了解 MongoDB 的特点 ··· 11
1.2.4　了解 MongoDB 的体系结构 ··· 12
任务 1.3　认识 Redis ·· 13
任务情境 ··· 13
【任务场景】 ·· 13
【任务布置】 ·· 14
任务准备 ··· 14
1.3.1　了解键值存储数据库 Redis ·· 14
1.3.2　学习 Redis 的存储结构 ·· 15
1.3.3　了解 Redis 的特点与优势 ·· 17
1.3.4　了解 Redis 的适用场景 ·· 17
归纳总结 ··· 18

VII

在线测试 ··· 19

单元 2　MongoDB 入门 ·· 20

学习目标 ··· 20
任务 2.1　搭建 MongoDB 开发环境 ·· 20
任务情境 ··· 20
【任务场景】··· 20
【任务布置】··· 20
任务准备 ··· 20
2.1.1　安装 MongoDB ··· 20
2.1.2　启动与运行 MongoDB ·· 26
2.1.3　操作 MongoDB 命令行 ··· 28
任务实施 ··· 31
【工作流程】··· 31
【操作步骤】··· 31
任务评价 ··· 31
任务拓展 ··· 32
任务 2.2　操作 MongoDB 数据库文档 ··· 32
任务情境 ··· 32
【任务场景】··· 32
【任务布置】··· 32
任务准备 ··· 32
2.2.1　插入操作 ·· 32
2.2.2　删除操作 ·· 37
2.2.3　更新操作 ·· 41
2.2.4　查询操作 ·· 43
任务实施 ··· 49
任务评价 ··· 51
任务拓展 ··· 51
任务 2.3　通过 Java 访问 MongoDB 数据库 ··· 51
任务情境 ··· 51
【任务场景】··· 51
【任务布置】··· 51
任务准备 ··· 52
2.3.1　部署 Java 开发环境 ··· 52
2.3.2　使用 Java 连接 MongoDB ··· 52
2.3.3　使用 Java 操作基本指令 ··· 56
任务实施 ··· 57
任务评价 ··· 57

任务 2.4　使用 MongoRepository 操作 MongoDB 数据 ……………………………… 58
　任务情境 …………………………………………………………………………………… 58
　　【任务场景】 …………………………………………………………………………… 58
　　【任务布置】 …………………………………………………………………………… 58
　任务准备 …………………………………………………………………………………… 59
　　2.4.1　MongoRepository 简介 ………………………………………………………… 59
　　2.4.2　MongoRepository 常用方法 …………………………………………………… 60
　任务实施 …………………………………………………………………………………… 61
　任务评价 …………………………………………………………………………………… 64
　任务拓展 …………………………………………………………………………………… 65
任务 2.5　使用 MongoTemplate 操作 MongoDB 数据 ………………………………… 65
　任务情境 …………………………………………………………………………………… 65
　　【任务场景】 …………………………………………………………………………… 65
　　【任务布置】 …………………………………………………………………………… 65
　任务准备 …………………………………………………………………………………… 65
　　2.5.1　MongoTemplate 简介 …………………………………………………………… 65
　　2.5.2　MongoTemplate 常用方法 ……………………………………………………… 67
　任务实施 …………………………………………………………………………………… 68
　任务评价 …………………………………………………………………………………… 75
　任务拓展 …………………………………………………………………………………… 75
归纳总结 ……………………………………………………………………………………… 76
在线测试 ……………………………………………………………………………………… 76

单元 3　MongoDB 进阶 ……………………………………………………………………… 77
学习目标 ……………………………………………………………………………………… 77
任务 3.1　高级索引 ………………………………………………………………………… 77
　任务情境 …………………………………………………………………………………… 77
　　【任务场景】 …………………………………………………………………………… 77
　　【任务布置】 …………………………………………………………………………… 77
　任务准备 …………………………………………………………………………………… 78
　　3.1.1　单字段索引 ……………………………………………………………………… 78
　　3.1.2　复合索引 ………………………………………………………………………… 81
　　3.1.3　其他索引类型 …………………………………………………………………… 82
　　3.1.4　索引执行计划查询 ……………………………………………………………… 86
　任务实施 …………………………………………………………………………………… 88
　任务评价 …………………………………………………………………………………… 90
　任务拓展 …………………………………………………………………………………… 90
任务 3.2　聚合 ……………………………………………………………………………… 91
　任务情境 …………………………………………………………………………………… 91

【任务场景】 …………………………………………………………………… 91
　　【任务布置】 …………………………………………………………………… 91
　任务准备 ………………………………………………………………………… 91
　　3.2.1　Pipeline 方法 …………………………………………………………… 91
　　3.2.2　MapReduce 方法 ………………………………………………………… 95
　任务实施 ………………………………………………………………………… 97
　任务评价 ………………………………………………………………………… 98
　任务拓展 ………………………………………………………………………… 98
　任务 3.3　部署分布式集群 ……………………………………………………… 98
　任务情境 ………………………………………………………………………… 98
　　【任务场景】 …………………………………………………………………… 98
　　【任务布置】 …………………………………………………………………… 98
　任务准备 ………………………………………………………………………… 99
　　3.3.1　集群架构 ………………………………………………………………… 99
　　3.3.2　部署环境准备 …………………………………………………………… 101
　　3.3.3　使用 Docker 搭建 ……………………………………………………… 104
　任务实施 ………………………………………………………………………… 107
　任务评价 ………………………………………………………………………… 107
　任务拓展 ………………………………………………………………………… 108
　归纳总结 ………………………………………………………………………… 109
　在线测试 ………………………………………………………………………… 109

单元 4　MongoDB 综合应用 …………………………………………………… 110

　学习目标 ………………………………………………………………………… 110
　任务 4.1　超市库存管理系统设计 ……………………………………………… 110
　任务情境 ………………………………………………………………………… 110
　　【任务场景】 …………………………………………………………………… 110
　　【任务布置】 …………………………………………………………………… 110
　任务准备 ………………………………………………………………………… 110
　　4.1.1　系统功能设计 …………………………………………………………… 110
　　4.1.2　数据库设计 ……………………………………………………………… 111
　任务实施 ………………………………………………………………………… 112
　任务评价 ………………………………………………………………………… 115
　任务拓展 ………………………………………………………………………… 115
　任务 4.2　增删产品信息数据 …………………………………………………… 116
　任务情境 ………………………………………………………………………… 116
　　【任务场景】 …………………………………………………………………… 116
　　【任务布置】 …………………………………………………………………… 116
　任务准备 ………………………………………………………………………… 116

目 录

  4.2.1 添加产品信息 ·········116
  4.2.2 根据索引删除产品 ·········118
 任务实施 ·········121
 任务评价 ·········121
 任务拓展 ·········121
任务 4.3 查询产品信息数据 ·········122
 任务情境 ·········122
  【任务场景】 ·········122
  【任务布置】 ·········122
 任务准备 ·········122
  4.3.1 查询产品数据 ·········122
  4.3.2 使用索引优化查询 ·········124
 任务实施 ·········126
 任务评价 ·········126
 任务拓展 ·········126
归纳总结 ·········126

单元 5 Redis 入门 ·········127

学习目标 ·········127
任务 5.1 搭建 Redis 开发环境 ·········127
 任务情境 ·········127
  【任务场景】 ·········127
  【任务布置】 ·········127
 任务准备 ·········127
  5.1.1 在 Windows 环境中安装 Redis ·········127
  5.1.2 在 Linux 环境中安装 Redis ·········132
 任务实施 ·········136
 任务评价 ·········139
 任务拓展 ·········140
任务 5.2 使用常见 Redis 数据类型 ·········140
 任务情境 ·········140
  【任务场景】 ·········140
  【任务布置】 ·········140
 任务准备 ·········140
  5.2.1 字符串 ·········140
  5.2.2 列表 ·········142
  5.2.3 集合 ·········144
  5.2.4 哈希 ·········147
  5.2.5 有序集合 ·········149

任务实施 ··· 151
　　任务评价 ··· 153
　　任务拓展 ··· 153
　　任务 5.3　使用 RedisTemplate 操作 Redis 数据 ·· 154
　　任务情境 ··· 154
　　　【任务场景】·· 154
　　　【任务布置】·· 154
　　任务准备 ··· 154
　　　5.3.1　RedisTemplate 简介 ·· 154
　　　5.3.2　RedisTemplate 常用方法 ··· 155
　　任务实施 ··· 159
　　任务评价 ··· 161
　　任务拓展 ··· 162
　　任务 5.4　使用 StringRedisTemplate 操作 Redis 数据 ·· 162
　　任务情境 ··· 162
　　　【任务场景】·· 162
　　　【任务布置】·· 162
　　任务准备 ··· 162
　　　5.4.1　StringRedisTemplate 简介 ··· 162
　　　5.4.2　StringRedisTemplate 常用方法 ·· 163
　　任务实施 ··· 164
　　任务评价 ··· 166
　　任务拓展 ··· 166
　　归纳总结 ··· 167
　　在线测试 ··· 167

单元 6　Redis 进阶 ··· 168
　　学习目标 ··· 168
　　任务 6.1　使用 Redis 事务 ·· 168
　　任务情境 ··· 168
　　　【任务场景】·· 168
　　　【任务布置】·· 168
　　任务准备 ··· 168
　　　6.1.1　Redis 事务介绍 ··· 168
　　　6.1.2　Redis 事务中的错误 ·· 170
　　　6.1.3　Redis 中的 WATCH ··· 171
　　任务实施 ··· 172
　　任务评价 ··· 178
　　任务拓展 ··· 178

- 任务 6.2　扩展 Redis 性能 ······ 179
  - 任务情境 ······ 179
    - 【任务场景】 ······ 179
    - 【任务布置】 ······ 180
  - 任务准备 ······ 180
    - 6.2.1　Redis 集群简介 ······ 180
    - 6.2.2　一致性保证 ······ 181
  - 任务实施 ······ 182
  - 任务评价 ······ 184
  - 任务拓展 ······ 184
- 任务 6.3　持久化 Redis 数据 ······ 185
  - 任务情境 ······ 185
    - 【任务场景】 ······ 185
    - 【任务布置】 ······ 185
  - 任务准备 ······ 185
    - 6.3.1　Redis 持久化 ······ 185
    - 6.3.2　持久化策略选择 ······ 186
  - 任务实施 ······ 186
    - 【工作流程】 ······ 186
    - 【操作步骤】 ······ 186
- 归纳总结 ······ 188
- 在线测试 ······ 188

单元 7　Redis 综合应用 ······ 189
- 学习目标 ······ 189
- 任务 7.1　实现 session 共享 ······ 189
  - 任务情境 ······ 189
    - 【任务场景】 ······ 189
    - 【任务布置】 ······ 189
  - 任务准备 ······ 189
    - 7.1.1　构建用户登录服务 ······ 189
    - 7.1.2　使用 Redis 实现 session 共享 ······ 191
  - 任务实施 ······ 193
    - 【工作流程】 ······ 193
    - 【操作步骤】 ······ 193
  - 任务评价 ······ 197
  - 任务拓展 ······ 198
- 任务 7.2　实现网页缓存 ······ 198
  - 任务情境 ······ 198

XIII

【任务场景】·· 198
　　【任务布置】·· 198
任务准备·· 198
　　7.2.1　模拟复杂业务场景·· 198
　　7.2.2　实现页面缓存·· 199
任务实施·· 200
　　【工作流程】·· 200
　　【操作步骤】·· 200
任务评价·· 205
任务拓展·· 205
归纳总结·· 206

单元 1　NoSQL 数据库技术简介

单元 1　NoSQL 数据库技术简介

学习目标

通过本单元的学习，了解 NoSQL、MongoDB 和 Redis 的产生及发展历程，学习关于 NoSQL、MongoDB 和 Redis 的相关术语，同时对 NoSQL、MongoDB 和 Redis 的基础理论、分类及特点进行初步了解，熟悉 MongoDB 的体系结构以及 Redis 适用场景，为 NoSQL 的后续学习打下坚实的理论基础。

任务 1.1　认识 NoSQL

任务情境

【任务场景】

随着互联网 Web2.0 网站的兴起，传统的关系型数据库在处理 Web2.0 网站，特别是超大规模和高并发的 SNS 类型的 Web2.0 纯动态网站时已经显得力不从心，出现了很多难以克服的问题，而非关系型的数据库则由于其本身的特点得到了非常迅速的发展。NoSQL 数据库的产生就是为了解决大规模数据集和多重数据种类带来的挑战，特别是大数据应用难题。本小节将对 NoSQL 的发展历史、相关术语、基础理论以及种类与特性进行详细介绍，引导读者了解 NoSQL。

【任务布置】

1. 了解 NoSQL 的发展史。
2. 学习 NoSQL 的基本概念。
3. 了解 NoSQL 的数据库种类与相关特性。

任务准备

1.1.1　了解 NoSQL 的发展史

1.1.1　了解 NoSQL 的发展史

1.1.1　了解 NoSQL 的发展史

以前的网站大多采用的是静态页面，访问量较小，此时用单个 MySQL 完全可以轻松应付，服务器没有太大压力。在这样的架构下，当用户增多时，就会出现数据量太大时单

1

台机器难以容纳、数据索引占据大量磁盘空间、单个实例无法承受巨大访问量（读写混合）的问题。

为了解决这些问题，程序员们采用了加服务器、添加文件缓存进行读操作。但是这就导致文件缓存不能在多台 Web 机器上共享，且大量小文件缓存增加了 IO 压力。因此，大部分网站开始使用主从复制技术来达到读写分离，此时 MySQL 的 Master-Salve 模式就成了网站标配。

然而随着数据量的持续猛增，MySQL 主库的写压力开始出现瓶颈，并且随着数据半结构化和稀疏的趋势愈加明显，以及互联网的快速发展，原本利用关系型引用的传统数据管理技术也受到了挑战，例如，无法很好地应对超大规模、高并发、SNS 类型、纯动态的网站。因此，在探索海量数据和半结构化数据相关问题的过程中，诞生了一系列新型数据库产品，其中包括列式数据库（Column-oriented Data Store）、键/值数据库和文档数据库，这些数据库统称为 NoSQL，其官网介绍如图 1.1 所示。

图 1.1　NoSQL 官网介绍

实际上 "NoSQL" 一词最早出现于 1998 年，是 Carlo Strozzi 开发的一个轻量、开源、不提供 SQL 功能的关系型数据库。它们不遵循经典 RDBMS 原理，并且常常与 Web 规模的大型数据集有关。也就是说，NoSQL 并不是单指某一种技术或一个产品，而是代表一系列不同的、有相互关联的、有关数据存储以及处理的概念。

2009 年，Last.fm 的 Johan Oskarsson 发起了一场关于分布式开源数据库的讨论，来自 Rackspace 的 Eric Evans 再次提出了 "NoSQL" 的概念，这时的 NoSQL 主要指非关系型、分布式、不提供 ACID 的数据库设计模式。

2009 年在亚特兰大举行的 "no:sql(east)" 讨论会是一个里程碑，其口号是 "select fun, profit from real_world where relational=false;"。因此，对 NoSQL 最普遍的解释是 "非关联型的"，强调 Key-Value Stores 和文档数据库的优点，而不是单纯地反对 RDBMS。总之，NoSQL 数据库最初是指不使用 SQL 标准的数据库，现在泛指非关系型数据库，两者之间的对比如表 1.1 所示。

表 1.1　NoSQL 和关系型数据库的对比

对比	NoSQL	关系型数据库
常用数据库	HBase、MongoDB、Redis	Oracle、DB2、MySQL
存储格式	文档、键值对、图结构	表格式，行和列
存储规范	鼓励冗余	规范性，避免重复
存储拓展	横向扩展，分布式	纵向扩展（横向扩展有限）
查询方式	非结构化查询	结构化查询语言 SQL
事务	不支持事务一致性	支持事务
性能	读写性能高	读写性能差
成本	简单易部署，开源，成本低	成本高

并且 NoSQL 数据库是非常高效、强大的海量数据存储与处理工具，大部分 NoSQL 数据库都能很好地适应数据增长，并且能灵活适应半结构化数据和稀疏数据集。

1.1.2　学习 NoSQL 的相关术语

在系统学习 NoSQL 之前，我们需要先来介绍一下 NoSQL 的相关术语，以便为后续的进一步学习起到铺垫作用。

1.1.2　学习 NoSQL 的相关术语　　1.1.2　学习 NoSQL 的相关术语

1．NoSQL

NoSQL 官方定义是：not only SQL，即非关系型数据库，也是下一代数据库管理系统，主要解决非关系型、分布式、开源和水平可伸缩这几个问题。

2．大数据（Big Data）

大数据或称巨量资料，指的是所涉及的资料量规模巨大到无法通过目前主流软件工具，在合理时间范围内达到获取、管理、处理并整理成为帮助企业经营决策的资讯。在维克托·迈尔-舍恩伯格及肯尼斯·库克耶编写的《大数据时代：生活、工作与思维的大变革》中，大数据指不用随机分析法（抽样调查）而采用对所有数据进行分析处理的分析方法。大数据的"5V"特点（IBM 提出）指的是 Volume（大量）、Velocity（高速）、Variety（多样）、Value（低价值密度）、Veracity（真实性）。

3．数据库系统与数据库管理系统

数据库系统包括数据库管理系统，数据库管理系统又包括数据库。

1）数据库系统

数据库系统如表 1.2 所示。

表 1.2　数据库系统

数据库系统	硬件平台	计算机	它是系统的硬件基础平台，常用的有微型机、小型机、中型机及巨型机
		网络	数据库系统今后将以建立在网络上为主，而其结构分为客户/服务器（C/S）方式与浏览器/服务器（B/S）方式
	软件平台	操作系统	它是系统的基础软件平台，常用的有 UNIX（包括 Linux）与 Windows 两种
		数据库系统开发工具	为开发数据库应用程序所提供的工具，包括过程性设计语言，如 C、C++等，也包括可视化开发工具 VB、PB 等，还包括了与 Internet 有关的 HTML 及 XML 等
		接口软件	在网络环境下，数据库系统中的数据库与应用程序，数据库与网络间存在着多种接口，需要接口软件进行连接，这些接口包括 ODBC、JDBC 等

2）数据库管理系统（DBMS）

数据库管理系统（Database Management System）是一种操纵和管理数据库的大型软件，用于建立、使用和维护数据库。它对数据库进行统一的管理和控制，以保证数据库的安全性和完整性。用户通过 DBMS 访问数据库中的数据，数据库管理员也通过 DBMS 进行数据库的维护工作。它提供多种功能，可使多个应用程序和用户用不同的方法在相同或不同时刻去建立、修改和访问数据库。它使用户能方便地定义和操纵数据，维护数据的安全性和完整性，以及进行多用户下的并发控制和恢复数据库。

4. 数据模型（Data Model）

数据模型是用来描述数据、组织数据和对数据进行操作的，是对现实世界数据特征的描述。建立数据模型的目的在于，将现实世界的事物转换成数字化的数据，然后交由计算机进行处理。数据模型分为概念模型、逻辑模型和物理模型，其中概念模型就是所谓的 E-R 图，它从普通用户的视角来描述数据，使用简单的符号来描述信息，没有严格的规则约束，唯一的要求就是能够清晰反映现实世界的信息。

5. 数据存储单位

在计算机数据存储中，存储数据的基本单位是字节（Byte），最小单位是位（bit），存储 1 个英文字母或阿拉伯数字需要 1 字节，而存储一个汉字需要 2 字节。除此以外，还有很多其他的数据存储单位，它们的单位以及换算关系如表 1.3 所示。

表 1.3 计算机数据存储单位及换算关系

中文单位	中文简称	英文单位	英文简称	进率(Byte=1)
位	比特	bit	b	0.125
字节	字节	Byte	B	1
千字节	千字节	KiloByte	KB	2^{10}
兆字节	兆	MegaByte	MB	2^{20}
吉字节	吉	GigaByte	GB	2^{30}
太字节	太	TrillionByte	TB	2^{40}
拍字节	拍	PetaByte	PB	2^{50}
艾字节	艾	ExaByte	EB	2^{60}
泽字节	泽	ZettaByte	ZB	2^{70}

1.1.3 了解 NoSQL 的基础理论

1. NoSQL 是什么

NoSQL 的意思是"不仅仅是 SQL"，泛指非关系型的数据库，传统的关系型数据库在应

1.1.3 了解 NoSQL 的基础理论

1.1.3 了解 NoSQL 的基础理论

付超大规模和高并发的 SNS 类型的动态网站已经显得力不从心，暴露了很多难以克服的问题，而非关系型的数据库则由于其本身的特点得到了非常迅速的发展，NoSQL 数据库的产生就是为了解决大规模数据集和多重数据种类带来的挑战，尤其是大数据应用难题，包括超大规模数据的存储，例如谷歌每天为他们的用户收集亿万比特的数据，这些类型的数

存储不需要固定的模式，无须多余操作就可以横向扩展。

2. NoSQL 能干什么

1）易扩展

NoSQL 数据库种类繁多，但是它们都有一个共同的特点，即去掉关系型数据库的关系性。数据之间无关系，这样就非常容易扩展，也无形之间在架构的层面上带来了可扩展的能力。

2）大数据量，高性能

NoSQL 数据库具有非常高的读写性能，尤其是在大数据量下，表现同样优秀，这得益于它的无关系性。数据库的结构简单，一般 MySQL 使用 Query Cache，每次更新表其 Cache 就会失效，而 NoSQL 的 Cache 是记录级的。

3）多样灵活的数据模型

NoSQL 无须事先为要存储的数据建立字段，随时可以存储自定义的数据格式。

1.1.4　了解 NoSQL 的种类与特性

今天我们可以通过第三方平台（如 Google、Facebook 等）很容易地访问和抓取数据。用户的个人信息、社交网络、地理位

1.1.4　了解 NoSQL 的种类与特性　　1.1.4　了解 NoSQL 的种类与特性

置，以及用户生成的数据和用户操作日志等数据已经成倍地增加。我们如果要对这些用户数据进行挖掘，那 SQL 数据库已经不适合这些应用了，NoSQL 数据库发展至今大致分为四种类型，如表 1.4 所示，可以很好地处理这些大的数据。

表 1.4　NoSQL 分类

分类	举例	典型应用场景
键值存储数据库 (key-value)	Redis、MemcacheDB、Voldemort	内容缓存等
列式数据库 (Wide Column Store)	Cassandra、HBase	应对分布式存储的海量数据
文档型数据库 (Document Store)	CouchDB、MongoDB	Web 应用（可看作键值存储数据库的升级版）
图数据库 (Graph DataBase)	Neo4J、InfoGrid、Infinite Graph	社交网络、推荐系统等，专注于构建关系图谱

1. 键值存储数据库（key-value）

键值存储数据库（简称键值数据库）是一种非关系型数据库，它使用简单的键值方法来存储数据。键值存储数据库将数据存储为键值对集合，其中键作为唯一标识符。键和值都可以是从简单对象到复杂复合对象的任何内容。键值存储数据库是高度可分区的，并且允许以其他类型的数据库无法实现的规模进行水平扩展。使用案例介绍如下。

1）会话存储

一个面向会话的应用程序（如 Web 应用程序）在用户登录时启动会话，并保持活动状态直到用户注销或会话超时。在此期间，应用程序将所有与会话相关的数据存储在主内存或数据库中。会话数据可能包括用户资料信息、消息、个性化数据和主题、建议、有针对

性的促销和折扣。每个用户会话具有唯一的标识符。除了主键之外，任何其他键都无法查询会话数据，因此快速键值存储更适合于会话数据。一般来说，键值存储数据库所提供的每页开销可能比关系型数据库要小。

2）购物车

在假日购物季，电子商务网站可能会在几秒内收到数十亿份的订单。键值存储数据库可以处理大量数据扩展和极高的状态变化，同时通过分布式处理和存储为数百万并发用户提供服务。此外，键值存储数据库还具有内置冗余，可以处理丢失的存储节点等特点。

2. 列式数据库（Wide Column Store）

列式数据库是以列相关的存储体系架构进行数据存储的数据库，主要适合于批量数据处理和即时查询。相对应的是行式数据库，其数据以行相关的存储体系架构进行空间分配，主要适合于大批量的数据处理，常用于联机事务型数据处理。

列式数据库使用一个称为 Keyspace 的概念，Keyspace 有点像关系模型中的模式，包括所有列族（有点像关系模型中的表），其中包含行、列，结构如图 1.2 所示。

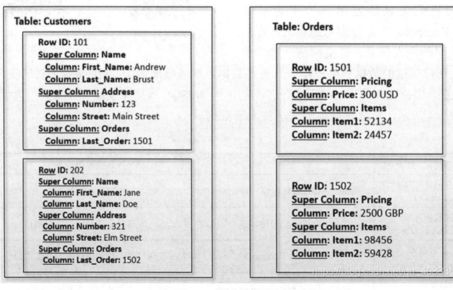

图 1.2　列式数据库结构

3. 文档型数据库（Document Store）

文档型数据库是键值存储数据库的子类，这是继承于 NoSQL 数据库的另一概念。它们的差别在于处理数据的方式：在键值存储数据库中，数据对数据库是不透明的；而文档型数据库系统依赖于文件的内部结构，它获取元数据以用于数据库引擎进行更深层次的优化。虽然这一差别由于系统工具而不甚明显，但在设计概念上，这种文档存储方式利用了现代程序技术来提供更丰富的体验。

对于数据库中某单一实例中的一个给定对象，文档型数据库会存储其所有信息，并且每一个被存储的对象可与任一其他对象不同。这使得将对象映射入数据库更加简单，并通常会消除任何类似于对象关系映射的事物。文档型数据库结构如图 1.3 所示。这也使得文档型数据库对网络应用有较大价值，因为后者的数据处在不断变化中，而且对于后者来说，部署速度是一个重要的问题。

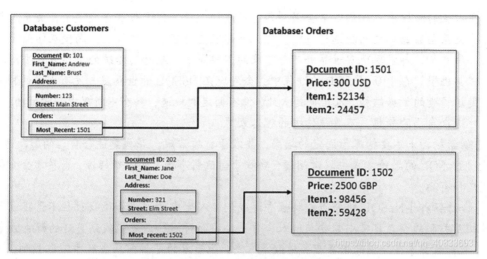

图 1.3　文档型数据库结构

4. 图数据库（Grap DataBases）

图数据库是一种数据库类型，属于非关系型数据库。图数据库的关注点是以"关联关系"形成的图，其目标是对现实世界中的实体与实体之间的关联关系进行存储与分析：将实体抽象为顶点、将实体之间的关联关系抽象为边。通过顶点和边形成的图谱结构，直观自然地表达万物关联的世界，同时解决了复杂关联关系深层检索的性能问题。图数据库结构如图 1.4 所示。

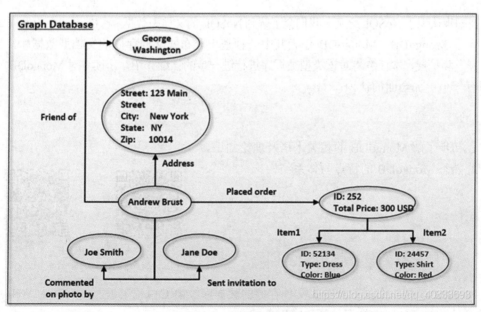

图 1.4　图数据库结构

随着大数据时代关联数据的大规模增长，图数据库在近十年来得到了快速发展，2020年 3 月 DB-Engines 数据库排行榜上收录的图数据库类型已达到 32 种。

【思政小课堂】NoSQL 思维与人生之路

在人生的旅途中，我们时常会遇到各种挑战和选择，就像数据库领域中，关系型数据库与非关系型数据库之间的选择一样。作为满怀激情与梦想的年轻人，渴望在学业上、职场上大展拳脚，却发现现实世界并不如想象的那样简单。此时用传统的思维方式去解决问题很容易碰壁。在学习 NoSQL 的过程中，会发现在 NoSQL 的世界里，没有固定的模式，只有灵活多变的数据结构。人生也是如此，没有固定的轨迹，只有不断探索和尝试的可能，勇敢地追求自己的梦想，不要被传统的观念束缚。

【创新精神】不要拘泥于固定的模式，要敢于打破常规，寻找更适合自己的解决方案。尝试用 NoSQL 的思维方式去思考问题，要敢于尝试新事物、探索新领域，世界才会变得更加宽广和有趣。

【合作精神】NoSQL 的分布式特性告诉我们，人生中的困难和挑战往往不是孤立的，而是相互关联的。在日常中需要与他人合作，共同面对问题，才能找到更好的解决方案。

【挫折教育】在数据的世界里，失败是常态，但重要的是如何从失败中汲取教训，不断调整和改进。人生中的失败并不可怕，关键是要保持积极的心态，不断学习和成长。

任务 1.2　认识 MongoDB

任务情境

【任务场景】

在初步认识了 NoSQL 之后，我们会了解到 NoSQL 的文档型数据库（Document Store）类型中包含了 MongoDB。MongoDB 作为其中一种基于分布式文件存储的文档型数据库，旨在简化开发和扩展，本任务将对该类型数据库进行进一步的详细介绍，让读者对 MongoDB 基础知识有一个更加全面的认识。

【任务布置】

1. 初步了解 MongoDB 的相关术语及理论知识。
2. 熟悉 MongoDB 的特点与体系结构。

任务准备

1.2.1　了解文档型数据库 MongoDB

1.2.1　了解文档型数据库 MongoDB

1.2.1　了解文档型数据库 MongoDB

MongoDB 是一个基于分布式文件存储的数据库，由 C++ 语言编写，旨在为 Web 应用提供可扩展的高性能数据存储解决方案。

下面介绍 MongoDB 发展史。

2012 年 5 月 23 日，MongoDB2.1 发布，该版本采用全新架构，包含诸多增强的功能。

2012年6月6日，MongoDB2.0.6发布，即分布式文档数据库。

2013年4月23日，MongoDB2.4.3发布，此版本进行了一些性能优化、功能增强以及bug修复。

2013年8月20日，MongoDB2.4.6发布。

2013年11月1日，MongoDB2.4.8发布。

2017年3月17日，MongoDB3.0.1发布。

2018年8月6日，MongoDB 4.0.2发布，支持多文档事务。

2019年8月13日，MongoDB 4.2.0 发布，引入分布式事务。

MongoDB是一个介于关系型数据库和非关系型数据库之间的产品，是非关系型数据库当中功能最丰富、最像关系型数据库的。它支持的数据结构非常松散，是类似JSON的BSON格式，因此可以存储比较复杂的数据类型。MongoDB最大的特点是它支持的查询语言非常强大，其语法有点类似于面向对象的查询语言，几乎可以实现类似关系型数据库单表查询的绝大部分功能，而且还支持对数据建立索引。

1.2.2 学习MongoDB的相关术语

SQL和MongoDB的相关术语对照如表1.5所示。

表1.5 SQL和MongoDB的相关术语对照

SQL 术语/概念	MongoDB 术语/概念	解释/说明
database	database	数据库
table	colleaction	数据库表/集合
row	document	数据记录行/文档
column	field	数据字段/域
index	index	索引
table joins	/	表连接，MongoDB不支持
primary key	primary key	主键，MongoDB自动将_id字段设置为主键

1. 数据库

一个MongoDB中可以建立多个数据库。MongoDB的默认数据库为"db"，该数据库存储在data目录中。MongoDB的单个实例可以容纳多个独立的数据库，每一个都有自己的集合和权限，不同的数据库也放置在不同的文件中。

数据库也通过名字来标识，数据库名可以是满足以下条件的任意UTF-8字符串：

（1）不能是空字符串("")。

（2）不得含有' '（空格）、.、$、/、\和\0（空字符）。

（3）应全部小写。

（4）最多64字节。

有一些数据库名是保留的，可以直接访问这些有特殊作用的数据库，例如：

（1）admin。从权限的角度来看，这是"root"数据库。要是将一个用户添加到这个数据库,这个用户自动继承所有数据库的权限。一些特定的服务器端命令也只能从这个数据库运行,比如列出所有的数据库或者关闭服务器。

(2) local。这个数据库永远不会被复制,可以用来存储限于本地单台服务器的任意集合。

(3) config。当 MongoDB 用于分片设置时,config 数据库在内部使用,用于保存分片的相关信息。

2. 文档

文档是一组键值(key-value)对(即 BSON),MongoDB 的文档不需要设置相同的字段,并且相同的字段不需要相同的数据类型,这与关系型数据库有很大的区别,也是 MongoDB 非常突出的特点。

需要注意的是:

(1)文档中的键值对是有序的。

(2)文档中的值不仅可以是在双引号里面的字符串,还可以是其他几种数据类型的(甚至可以是整个嵌入的文档)。

(3) MongoDB 区分类型和大小写。

(4) MongoDB 的文档不能有重复的键。

(5)文档的键是字符串。除了少数例外情况,键可以使用任意 UTF-8 字符。

文档的键命名规范介绍如下。

(1)键不能含有\0(空字符)。这个字符用来表示键的结尾。

(2)"."和"$"有特别的意义,只有在特定环境下才能使用。

(3)以下画线"_"开头的键是保留的(不是严格要求的)。

3. 集合

集合就是 MongoDB 文档组,类似于 RDBMS 中的表格。集合存在于数据库中,它没有固定的结构,这意味着对集合可以插入不同格式和类型的数据,但通常情况下插入集合的数据都会有一定的关联性。当第一个文档插入时,集合就会被创建。

合法的集合名介绍如下。

(1)集合名不能是空字符串""。

(2)集合名不能含有\0 字符(空字符),这个字符用于表示集合名的结尾。

(3)集合名不能以"system."开头,这是为系统集合保留的前缀。

(4)用户创建的集合名不能含有保留字符。有些驱动程序的确支持在集合名里面包含保留字符,这是因为由某些系统生成的集合中包含该字符。除非你要访问这种系统创建的集合,否则千万不要在名字里出现$。

4. 元数据

数据库的信息是存储在集合中的,它们使用了系统的命名空间,如表 1.6 所示。

表 1.6 集合命名空间

集合命名空间	描述
dbname.system.namespaces	列出所有名字空间
dbname.system.indexes	列出所有索引

续表

集合命名空间	描述
dbname.system.profile	包含数据库概要（Profile）信息
dbname.system.users	列出所有可访问数据库的用户
dbname.local.sources	包含复制对端（Slave）的服务器信息和状态

5. 常用的数据类型

表 1.7 为 MongoDB 中常用的几种数据类型。

表 1.7　MongoDB 中常用的几种数据类型

数据类型	描述
String	字符串，存储数据常用的数据类型。在 MongoDB 中，只有用 UTF-8 编码的字符串才是合法的
Integer	整型数值，用于存储数值。根据你所采用的服务器，可分为 32 位或 64 位
Boolean	布尔值，用于存储布尔值（真/假）
Double	双精度浮点值，用于存储浮点值
Min/Max keys	将一个值与 BSON（二进制的 JSON）元素的最低值和最高值相对比
Array	用于将数组或列表或多个值存储为一个键
Timestamp	时间戳，用于记录文档修改或添加的具体时间
Object	用于内嵌文档
Null	用于创建空值
Symbol	符号，该数据类型基本上等同于字符串类型，但不同的是，它一般用于采用特殊符号类型的语言
Date	日期时间，用 UNIX 时间格式来存储当前日期或时间。你可以指定自己的日期时间，创建 Date 对象，传入年月日信息

6. 字符串

BSON 字符串都是采用 UTF-8 编码的。

7. 时间戳

BSON 有一个特殊的时间戳类型用于 MongoDB 内部，与普通的日期类型不相关，时间戳值是一个 64 位的值，其中：

（1）前 32 位是一个 time_t 值（与 UNIX 新纪元相差的秒数）。

（2）后 32 位是在某秒中操作的一个递增的序数。

在单个实例中，时间戳值通常是唯一的。

8. 日期

表示当前距离 UNIX 新纪元（1970 年 1 月 1 日）的毫秒数，日期类型是有符号的，负数表示 1970 年之前的日期。

1.2.3　了解 MongoDB 的特点

1. 实用性

MongoDB 是一个面向文档的数据库，

1.2.3　了解 MongoDB 的特点

1.2.3　了解 MongoDB 的特点

它并不是关系型数据库，直接存取 BSON，这意味着 MongoDB 更加灵活，因为可以在文档中直接插入数组之类的复杂数据类型，并且文档的 Key 和 Value 不是固定的数据类型和大小，所以开发者在使用 MongoDB 时无须预定义关系型数据库中的"表"等数据库对象，设计数据库将变得非常方便，可以大大提升开发进度。

2. 可用性和负载均衡

MongoDB 在高可用和读负载均衡上的实现非常简洁和友好，MongoDB 自带了副本集的概念，通过设计适合自己业务的副本集和驱动程序，可以非常有效和方便地实现高可用，读负载均衡。而在其他数据库产品中想实现以上功能，往往需要额外安装复杂的中间件，大大提升了系统复杂度，增加了故障排查难度和运维成本。

3. 扩展性

在扩展性方面，假设应用数据增长非常迅猛，通过不断地添加磁盘容量和内存容量往往是不现实的，而手工的分库分表又会带来非常繁重的工作量和技术复杂度。在扩展性上，MongoDB 有非常有效的、现成的解决方案。通过自带的 Mongos 集群，只需要在适当的时候继续添加 Mongo 分片，就可以实现程序段自动水平扩展和路由，一方面缓解单个节点的读写压力，另一方面可有效地均衡磁盘容量的使用情况。整个 Mongos 集群对应用层完全透明，并可完美地做到各个 Mongos 集群组件的高可用性。

4. 数据压缩

自从 MongoDB 3.0 推出以后，MongoDB 引入了一个高性能的存储引擎 WiredTiger，并且它在数据压缩性能上得到了极大的提升，跟之前的 MMAP 引擎相比，压缩比至少可增加 5 倍以上，可以极大地改善磁盘空间使用率。

5. 其他特性

相比其他关系型数据库，MongoDB 引入了"固定集合"的概念。所谓固定集合，就是指整个集合的大小是预先定义并固定的，内部就是一个循环队列，假如集合满了，MongoDB 后台会自动去清理旧数据，并且由于每次都写入固定空间，可大大地提升写入速度。这个特性就非常适用于日志型应用，不用再去纠结日志疯狂增长的清理措施和写入效率问题。另外需要进行更加精细的淘汰策略设置，还可以使用 TTL 索引（Time-To-Liveindex），即具有生命周期的索引，它允许为每条记录设置一个过期时间，当某条记录达到它的设置条件时可被自动删除。

1.2.4　了解 MongoDB 的体系结构

MongoDB 的逻辑结构是一种层次结构，主要由文档（Document）、集合（Collection）、数据库（Database）这三部分组成。逻辑结构是面向用户的，用户使用 MongoDB 开发应用程序使用的就是逻辑结构。

1.2.4　了解 MongoDB 的体系结构　　1.2.4　了解 MongoDB 的体系结构

文档、集合、数据库的层次结构如图 1.5 所示。

数据库中的对应关系及存储形式的说明如图 1.6 所示。

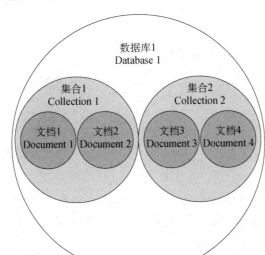

图 1.5　文档、集合、数据库的层次结构

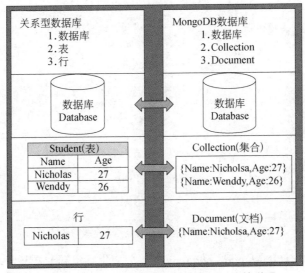

图 1.6　数据库中的对应关系及存储形式的说明

任务 1.3　认识 Redis

任务情境

【任务场景】

经过前面的学习，我们已经对 NoSQL 以及其中的文档型数据库 MongoDB 有了一定了解，接下来我们需要认识一下 NoSQL 中的键值存储数据库 Redis。Redis 具有高性能、使用方便的特点，本任务将对 Redis 的含义、存储结构、特点进行详细介绍，让大家对 Redis

的适用场景有一个初步了解。

【任务布置】

1. 认识 Redis 的基础理论、特点及优势。
2. 熟悉 Redis 的适用场景。

任务准备

1.3.1 了解键值存储数据库 Redis

1.3.1 了解键值存储数据库 Redis

1.3.1 了解键值存储数据库 Redis

Redis 是一个 Key-Value 存储系统，和 Memcached 类似，它支持存储的 Value 类型相对更多，包括 String（字符串）、List（链表）、Set（集合）、Zset（Sorted Set，有序集合）和 Hash（哈希表），如图 1.7 所示。

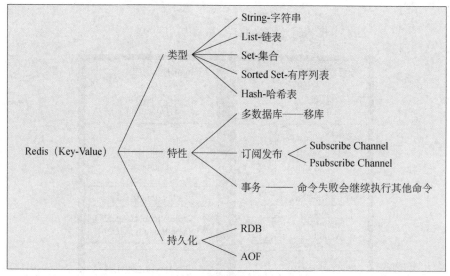

图 1.7 Redis 存储类型、特性与数据备份方式

这些数据类型都支持 push/pop、add/remove、取交集并集和差集及更丰富的操作，而且这些操作都是原子性的。在此基础上，Redis 支持各种不同方式的排序，与 Memcached 一样，为了保证效率，数据都被缓存在内存中。它们的区别是，Redis 会周期性地把更新的数据写入磁盘或者把修改操作写入追加的记录文件，并且在此基础上实现了 Master-Slave（主从）同步。

Redis 是一个高性能的 Key-Value 数据库。Redis 的出现，很大程度上补偿了 Memcached 这类 Key/Value 存储的不足，在部分场合可以对关系型数据库起到很好的补充作用。同时，它提供了 Java、C/C++、C#、PHP、JavaScript、Perl、Object-C、Python、Ruby、Erlang 等客户端，使用很方便。

Redis 支持主从同步，数据可以从主服务器向任意数量的从服务器上同步，从服务器可以是关联其他从服务器的主服务器，这使得 Redis 可执行单层树复制，存盘可以有意无意地对数据进行写操作。由于完全实现了发布/订阅机制，使得从数据库在任何地方同步树时，可订阅一个频道并接收主服务器完整的消息发布记录，同步对读取操作的可扩展性和数据冗余很有帮助。

Redis 提供了两种数据备份方式，一种是 RDB，另外一种是 AOF，以下将详细介绍这两种备份策略，如表 1.8 所示。

表 1.8 Redis 两种数据备份方式

	RDB	AOF
关闭|开启	默认开启。把配置文件中所有的 save 都注释，即为关闭	在配置文件中将 appendonly 设为 yes 即开启了 AOF，为 no 则为关闭
同步机制	可以指定某个时间内发生多少个命令进行同步。比如 1 分钟内发生了 2 次命令，就做一次同步	每秒同步或者每次发生命令后同步
存储内容	存储的是 Redis 里面的具体的值	存储的是执行的更新数据的操作命令
存储文件的路径	根据 dir 以及 dbfilename 来指定路径和具体的文件名	根据 dir 以及 appendfilename 来指定具体的路径和文件名
优点	（1）存储数据到文件中会进行压缩，文件体积比 AOF 小 （2）因为存储的是 Redis 具体的值，并且会经过压缩，因此在恢复的时候速度比 AOF 快 （3）非常适用于备份	（1）AOF 的策略是每秒或者每次发生写操作的时候都会同步，因此即使服务器故障，最多只会丢失 1 秒的数据 （2）AOF 存储的是 Redis 命令，并且是直接追加到 AOF 文件的后面，因此每次备份的时候只要添加新的数据进去就可以了 （3）如果 AOF 文件比较大了，那么 Redis 会进行重写，只保留最小的命令集合
缺点	（1）RDB 在多少时间内发生了多少写操作的时候就会触发同步机制，因为采用了压缩机制，RDB 在同步的时候都重新保存整个 Redis 中的数据，因此一般会设置在最少 5 分钟才保存一次数据。在这种情况下，一旦服务器发生故障，就会造成 5 分钟的数据丢失 （2）在将数据保存进 RDB 的时候，Redis 会 fork 出一个子进程用来同步，在数据量比较大的时候，可能会非常耗时	（1）AOF 文件因为没有压缩，因此体积比 RDB 大 （2）AOF 在每秒或者每次写操作时都会进行备份，因此如果并发量比较大，效率可能有点慢 （3）AOF 文件因为存储的是命令，因此在灾难恢复的时候 Redis 会重新运行 AOF 中的命令，速度不及 RDB

1.3.2 学习 Redis 的存储结构

Redis 是典型的 Key-Value 型数据库，Key 为字符类型，Value 常用的有 5 种类型，即 String、Hash、List、Set、Sorted Set，图 1.8 表述了 Redis 内部内存管理中对这些不同数据类型的描述。

1.3.2 学习 Redis 的存储结构　　1.3.2 学习 Redis 的存储结构

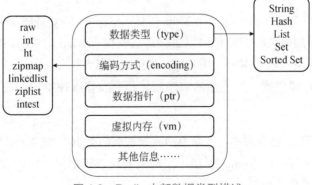

图 1.8　Redis 内部数据类型描述

首先 Redis 内部使用一个 redisObject 对象来表示所有的 Key 和 Value，redisObject 最主要的信息如图 1.8 所示：type 代表一个 Value 对象具体是何种数据类型的，encoding 是不同数据类型在 Redis 内部的存储方式，比如 type=string 代表 Value 存储的是一个普通字符串，那么对应的 encoding 可以是 raw 或者是 int，如果是 int 则代表实际 Redis 内部是按数值类型存储和表示这个字符串的，前提是这个字符串本身可以用数值表示，比如"123"、"456"这样的字符串。

这里需要特殊说明一下 vm 字段，只有打开了 Redis 的虚拟内存功能，此字段才会真正分配内存，该功能默认是关闭状态的。通过图 1.8 可以发现 Redis 使用 redisObject 来表示所有的 Key/Value 数据是比较浪费内存的，当然这些内存管理成本的付出主要也是为了给 Redis 不同数据类型提供一个统一的管理接口，实际上也提供了多种方法帮助我们尽量节省内存使用。

1. String

String 数据结构是简单的 Key-Value 类型，Value 其实不仅是 String，也可以是数字。String 在 Redis 内部存储默认就是一个字符串，被 redisObject 所引用，当遇到 ncr、decr 等操作时会转成数值型进行计算，此时 redisObject 的 encoding 字段为 int。

2. Hash

Redis 的 Hash 实际是内部存储的 Value 为一个 HashMap，并提供了直接存取这个 Map 成员的接口。Hash 将对象的各个属性存入 Map 里，可以只读取/更新对象的某些属性，另外不同的模块可以只更新自己关心的属性而不会互相并发覆盖冲突。

比如我们要存储一个用户信息对象数据，包含以下信息：用户 ID 为查找的 Key，存储的 Value 用户对象包含姓名、年龄、生日等信息，如图 1.9 所示。

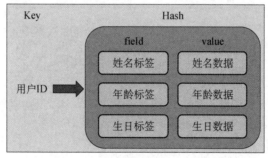

图 1.9 Hash

Key 仍然是用户 ID，Value 是一个 Map，这个 Map 的 Key 是成员的属性名，Value 是属性值，这样对数据的修改和存取都可以直接通过其内部 Map 的 Key（Redis 里称内部 Map 的 Key 为 field），也就是通过 Key（用户 ID）+field（属性标签）就可以操作对应属性数据了，既不需要重复存储数据，也不会带来序列化和并发修改控制的问题。

3. List

Redis List 的应用场景非常多，也是 Redis 最重要的数据结构之一，比如 Twitter 的关注列表、粉丝列表等都可以用 Redis 的 List 结构来实现，还提供了生产者消费者阻塞模式，常用于任务队列、消息队列等。

4. Set

Set 就是 HashSet，可以将重复的元素随便放入而 Set 会自动去重，底层实现也是 HashMap，并且 Set 提供了判断某个成员是否在一个 Set 集合内的重要接口，这个也是 List 所不能提供的。

5. Sorted Set

Sorted Set 的实现是 HashMap（element→score，用于实现 ZScore 及判断 element 是否在集合内）和 SkipList（score→element，按 score 排序）的混合体。SkipList 有点像平衡二叉树，不同范围的 score 被分成一层一层，每层是一个按 score 排序的链表。

1.3.3 了解 Redis 的特点与优势

1. Redis 的特点

（1）内存数据库，速度快，也支持数据的持久化，可以将内存中的数据保存在磁盘中，重启的时候可以再次加载使用。

1.3.3 了解 Redis 的特点与优势

1.3.3 了解 Redis 的特点与优势

（2）Redis 不仅仅支持简单的 Key-Value 类型的数据，同时还提供 List、Set、Zset、Hash 等数据结构的存储。

（3）Redis 支持数据的备份，即 Master-Slave 模式的数据备份。

（4）支持事务。

2. Redis 的优势

（1）性能极高。Redis 读的速度可达 110000 次/s，写的速度可达 81000 次/s。

（2）丰富的数据类型。Redis 支持二进制的 Strings、Lists、Hashes、Sets 及 Ordered Sets 数据类型操作。

（3）原子性。Redis 的所有操作都是原子性的，同时 Redis 还支持对几个操作合并后的原子性执行。

（4）丰富的特性，Redis 还支持 publish/subscribe、通知、key、过期等特性。

1.3.4 了解 Redis 的适用场景

（1）登录会话：存储在 Redis 中，与 Memcached 相比，其数据不会丢失。

1.3.4 了解 Redis 的适用场景

1.3.4 了解 Redis 的适用场景

（2）排行板/计数器：比如一些秀场类的项目，经常会有一些前多少名的主播排名。还有一些文章阅读量的统计技术，或者新浪微博的点赞数等。

（3）作为消息队列：比如 celery 就使用 Redis 作为中间人。

（4）当前在线人数：如秀场例子，会显示当前系统有多少在线人数。

（5）一些常用的数据缓存：比如 BBS 论坛，板块是不会经常变化的，但是每次访问首页都要从 MySQL 中获取，因此可以在 Redis 中缓存起来，不用每次请求数据库。

（6）把前 200 篇文章缓存或者评论缓存：一般用户浏览网站，只会浏览前面一部分文章或者评论，那么可以把前面 200 篇文章和对应的评论缓存起来。用户访问的文章数超过 200 时，就访问数据库，并且会把之前的文章删除。

（7）好友关系：例如，微博的好友关系使用 Redis 实现。

（8）发布和订阅功能：可以用来做聊天软件。

归纳总结

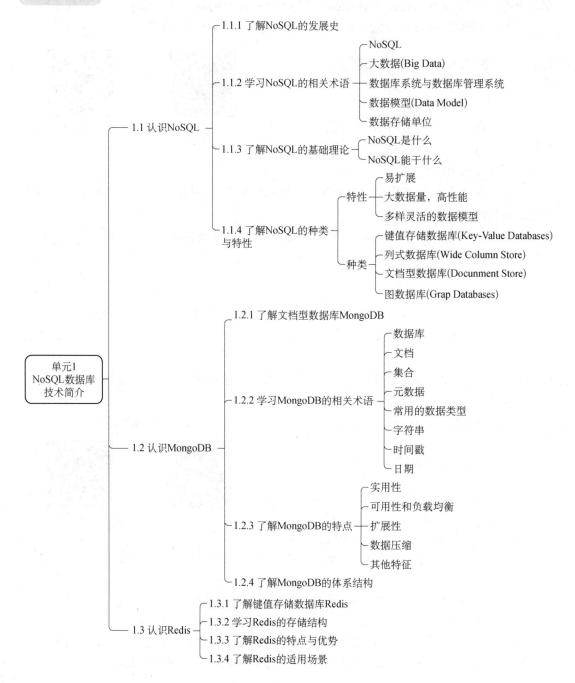

在线测试

单元 2　MongoDB 入门

单元 2　MongoDB 入门

学习目标

通过本单元的学习，学生能够了解 MongoDB 的架构模式，熟悉 MongoDB 的使用规范，培养系统部署 MongoDB 的技能和操作数据库的能力，培养使用 Java 操作 MongoDB 的技能，同时还能提升动手实践能力。通过实际案例社区居民流感疫苗信息数据培养主人翁意识，通过反复实践培养职业情操和工匠精神。

任务 2.1　搭建 MongoDB 开发环境

任务情境

【任务场景】

大数据时代，对于数据存储的需求日益增加，MongoDB 功能丰富，支持多种数据结构，适合业务快速迭代。和传统的关系型数据库相比，MongoDB 更适用于复杂项目开发，满足不同类型数据的存储要求。

【任务布置】

MongoDB 是一个开源且跨平台的数据库，可以运行在不同的操作系统上。在不同的系统或平台上，搭建 MongoDB 开发环境也会有所不同，本任务需要选择合适的安装包，执行正确的安装流程，实现对数据库、集合的操作。

任务准备

2.1.1　安装 MongoDB

2.1.1　安装 MongoDB　　2.1.1　安装 MongoDB

在使用 MongoDB 数据库之前，可根据自身使用环境决定使用版本。版本号一般由 3 位数字组成，第一位数字表示主版本号，只有重大版本更新时才会改变。第二位数字代表该版本是开发版还是稳定版，当其为奇数时，代表此版本为开发版，可能包含一些未充分测试的功能，当其为偶数时，代表此版本为稳定版本。第三位数字代表修订号，用于修复 bug 等缺陷。通过以上了解，我们在实际生产环境中，应尽量选择稳定版本，所以本书选择以 4.4.10 版本为例进行讲解，如果读者有其他需求，则可选择其他版本，基本不影响学习和使用。

MongoDB 的使用不限制平台，在常用的 Windows、Linux、Mac OS 操作系统上均能正常配置与使用，在实际生产环境中，一般建议使用 Linux 系统的计算机作为 MongoDB 数据库服务器。考虑到 Windows 系统使用的人数较多，场景更为普遍，本书以 Windows10 操作系统作为测试开发环境。MongoDB 同样支持 32 位和 64 位的计算机，但 32 位计算机受到系统空间的限制，单个实例最大数据空间为 2GB，64 位计算机数据空间为 128TB，且针对不同平台，不同位数系统需下载不同的安装包。

1. 查看本机配置

右击"此电脑"图标，选择"属性"选项，查看本机配置是否为 64 位操作系统，如图 2.1 所示。

图 2.1　系统属性

2. 安装软件

打开系统浏览器，访问 MongoDB 下载页面，其下载页面如图 2.2 所示，选择版本为 4.4.10，平台为 Windows，下载包类型为 msi，单击"Download"按钮，下载得到安装文件"mongodb-windows-x86_64-4.4.10-signed.msi"。

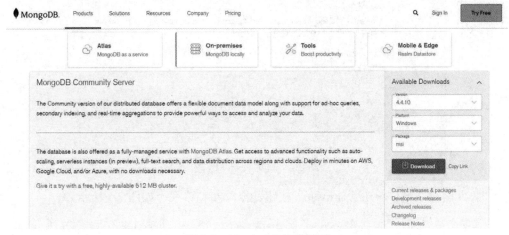

图 2.2　MongoDB 下载页面

双击该 msi 文件，打开如图 2.3 所示对话框，按照默认步骤操作。

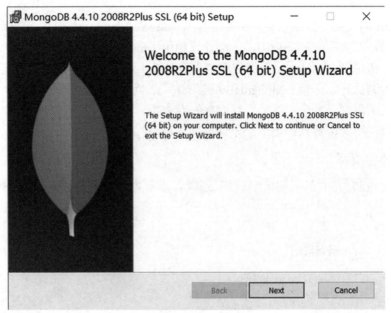

图 2.3　欢迎对话框

安装过程中需选择完整安装或是自定义安装，单击"Complete"按钮会安装在默认路径 C 盘下，这里我们单击"Custom"（自定义安装）按钮，如图 2.4 所示。

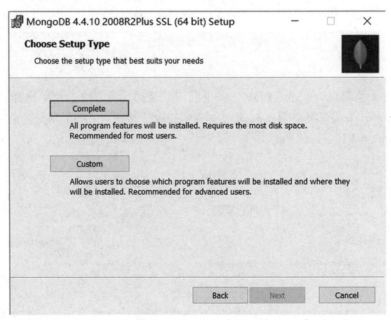

图 2.4　自定义安装选择

在打开的对话框中单击"Browse"按钮，修改安装路径，如图 2.5 所示。

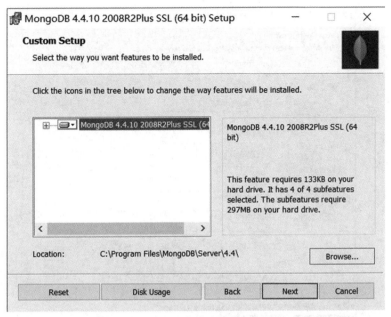

图 2.5　安装路径选择

设置安装路径为"D:\MongoDB\",如图 2.6 所示。

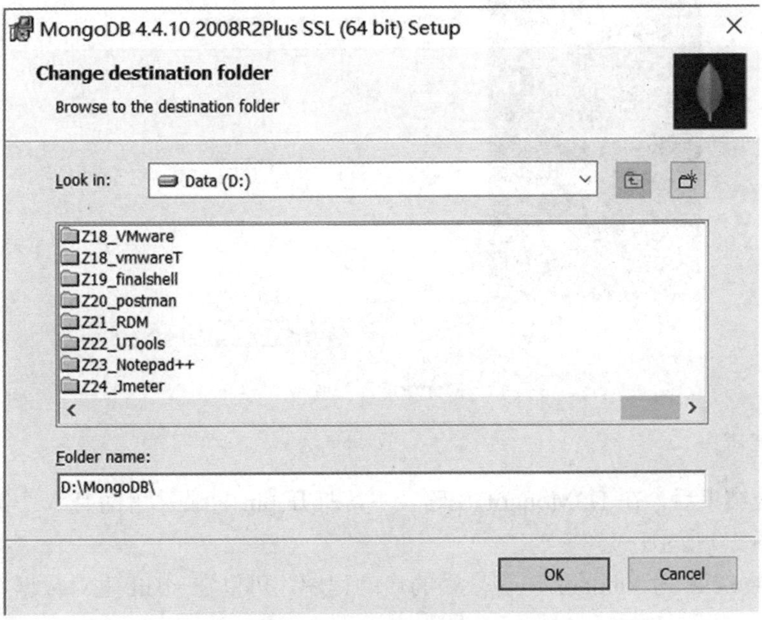

图 2.6　路径设置

然后会提示是否选择将 MongoDB 作为服务运行,为了方便管理,可以勾选上,如图 2.7 所示。

单击"Next"按钮,会进入安装过程界面,安装完成后,会弹出提示安装成功的界面,如图 2.8 所示,单击"Finish"按钮将其关闭。如果在前面选择了"Run service as Network Service user"(将 MongoDB 作为服务运行)选项,此时 MongoDB 服务将会自动启动。

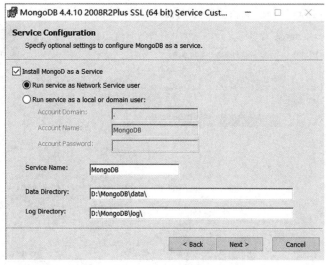

图 2.7　选择 MongoDB 作为服务运行

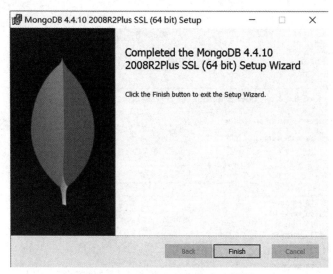

图 2.8　MongoDB 安装成功界面

3. 安装目录详解

安装过程结束后，在 D:\MongoDB 路径下，打开 bin 目录，里面有 3 个关键的 exe 执行程序，如图 2.9 所示，其中：

（1）mongo.exe 为 MongoDB 客户端的启动程序，可以在 shell 里对数据库做增删改查操作。

图 2.9　bin 目录

(2) mongod.exe 为 MongoDB 数据库服务器端的启动程序。

(3) mongos.exe 为分片路由工具。

4. 环境变量配置

完成 MongoDB 数据库的安装后，需要配置系统环境变量。右击"此电脑"图标，选择"属性"选项，单击"高级系统设置"按钮，打开"系统属性"对话框，如图 2.10 所示。

图 2.10　"系统属性"对话框

单击"环境变量"按钮，找到如图 2.11 所示的 Path 系统变量。单击"编辑"按钮，在 Path 变量里新增一条 D:\MongoDB\bin 变量或自定义的 MongoDB 安装路径，如图 2.12 所示。单击"确定"按钮，MongoDB 数据库的环境变量即配置成功。

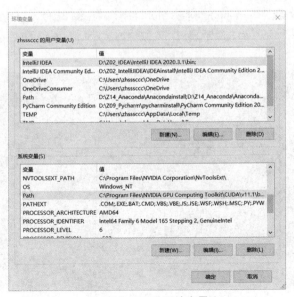

图 2.11　Path 系统变量

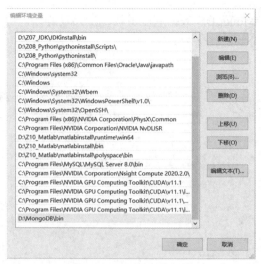

图 2.12 编辑环境变量

5. 创建数据存放目录

在启动 MongoDB 数据库服务之前，我们还需要为数据库文件创建存放文件夹，可在 data 目录下创建 2 个子目录，分别命名为"db"和"log"，分别用来存放数据库文件和日志文件。

2.1.2 启动与运行 MongoDB

1. 启动 MongoDB

完成 MongoDB 安装后，可以尝试启动 MongoDB，操作步骤如下。

步骤 1：按住"Win+R"键，打开"运行"窗口，输入 cmd 命令，进入命令行窗口，使用 cd 命令进入安装目录（bin 目录）下。

步骤 2：在光标处输入"mongo"登录 MongoDB，结果如图 2.13 所示，显示服务端相关信息，包括版本、数据库所在路径、监听端口号、数据库大小等，说明已成功启动 MongoDB 服务。

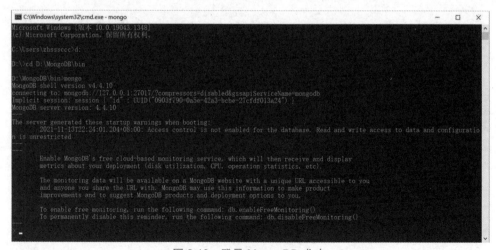

图 2.13 登录 MongoDB 成功

接下来在浏览器地址栏中输入 http://localhost:27017，如果页面显示如图 2.14 所示字样，则确定 MongoDB 启动成功。

图 2.14　MongoDB 启动确认

2.配置本地服务

实现 MongoDB 服务器连接需要 DOS 命令界面保持在打开状态，可以通过配置本地服务，避免每次都要到 bin 目录下启动 MongoDB，方便数据库的管理与操作。

在 D:\MongoDB 路径下新建文件"mongo.config"，使用 Notepad++或记事本打开该文件，输入如下命令：

```
dbpath=D:\MongoDB\data\db
Logpath=D:\MongoDB\data\log\mongo.log
```

以管理员身份打开命令提示符，如图 2.15 所示。

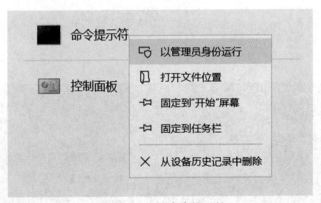

图 2.15　打开命令提示符

进入 D:\MongoDB\bin 目录，输入如下命令：

```
mongod -dbpath "D:\MongoDB\data\db"
logpath"D:\MongoDB\data\log\mongo.log" -install -serviceName "MongoDB"
```

按下 Enter 键后，命令行没有任何输出，再输入命令：

```
net start MongoDB
```

显示请求的服务已经启动，如图 2.16 所示，此时 MongoDB 即配置完成。

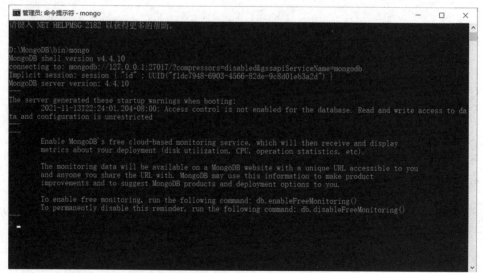

图 2.16　MongoDB 服务启动成功

2.1.3　操作 MongoDB 命令行

MongoDB 命令行又称 MongoDB shell，是连接数据的交互式客户端，可以用来管理和操作 MongoDB 数据库。

2.1.3　操作 MongoDB　　2.1.3　操作 MongoDB
　　　　命令行　　　　　　　　　　命令行

1. 连接数据库

在 bin 目录下输入"mongo"命令（需要保持服务器端开启），进入 shell 操作界面，如图 2.17 所示。

图 2.17　进入 shell 操作界面

2. shell 命令

shell 是一个功能完备的 JavaScript 解释器，可运行任意的 JavaScript 程序，例如执行基本数学运算：

```
> x =10
10
> x/2
5
```

还可以利用 JavaScript 的标准库：

```
> for(var i =0;i<5;i++){
... print(Math.random *i())
... }
0
0.02785638182754191
0.10802201025417735
2.2637100578059925
2.394927626466671
```

shell 允许多行输入，在按下 Enter 键后，shell 会自动检测语句是否完整，如不完整，可在下行继续输入，如果想退出本次输入，则可连按 3 次 Enter 键，退回到 ">" 提示符后。

3. 数据库操作

1）创建数据库

在使用 MongoDB 存储数据之前，需要指定数据库，格式如下：

```
use <db_name>
```

其中，db_name 是指定数据库的名称，若指定的数据库不存在，则创建数据库，否则切换到指定数据库。例如，我们创建数据库 healthdb，可以这样操作：

```
> use healthdb
switched to db healthdb
```

2）查看数据库

查看数据库分两种情况，可以查看当前数据库和所有数据库，格式分别如下：

```
#查看当前数据库
> db
healthdb

#查看所有数据库
> show dbs
admin   0.000GB
config  0.000GB
local   0.000GB
```

从返回结果可以看出，执行查看所有数据库命令没有找到新创建的 healthdb 数据库，是因为我们创建失败了吗？其实不是，是因为使用 use 命令创建的数据库 healthdb 被存储在内存中，且数据库中没有任何数据，所以通过 show dbs 命令是无法查找到的。

3）删除数据库

删除数据库可以通过执行 db.dropDatabase()方法实现，如果我们想删除 healthdb 数据库，可以这样操作：

```
> db.dropDatabase()
{ "ok" : 1 }
```

需要注意的是，在删除之前，应确保已经切换到需要删除的数据库下，以免发生误删。

4. 集合操作

除数据库外，使用 mongo shell 还可以对集合进行操作。

1）创建集合

在数据库中创建集合的语句是：

```
db.createCollection(NAME, [OPTIONS])
```

其中，"db"表示数据库对象，"NAME"表示要创建的集合名称，"OPTIONS"是一个可选参数，表示指定集合的配置。例如，我们创建一个名为 healthinf 的集合，可以这样操作，并执行 show collections 命令，查看是否成功创建。

```
> db.createCollection("healthinf")
{ "ok" : 1 }

> show collections
healthinf
```

2）删除集合

删除集合的语法如下：

```
db.NAME.drop()
```

例如，通过如下语句，我们可以删除 healthinf 集合。

```
> db.healthinf.drop()
true
```

5. 查看帮助文档

通过 help 命令可查看其帮助文档，如图 2.18 所示。

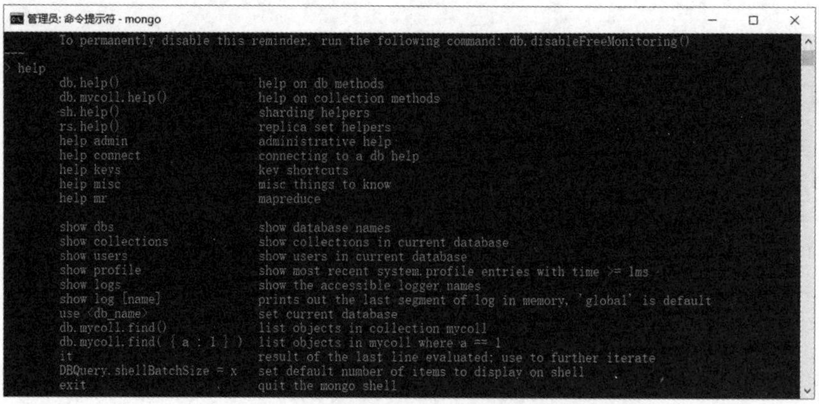

图 2.18　内置帮助文档

其中，MongoDB 比较常用的命令如表 2.1 所示。

表 2.1　MongoDB 比较常用的命令

命令	说明
use <db_name>	切换到该数据库
show dbs	显示数据库列表
show users	显示用户列表
show collections	显示集合列表
show profile	显示最近执行的操作
load	执行 JavaScript 脚本文件
exit	退出 shell 操作

除此以外，还可以使用 db.help()查看数据库级别的帮助文档，使用 db.blog.help()查看集合级别的帮助文档。

任务实施

【工作流程】

首先熟悉 MongoDB 的部署，然后尝试启动连接 MongoDB，掌握数据库和集合的操作。

【操作步骤】

1. 从查看本机参数开始，通过下载安装包执行安装操作、配置环境变量等操作安装 MongoDB。
2. 实现 MongoDB 的启动与连接，配置好本地服务。
3. 练习数据库和集合的创建、删除、查找操作命令。

任务评价

填写任务评价表，如表 2.2 所示。

表 2.2　任务评价表

任务步骤和方法	工作任务清单	完成情况
部署 MongoDB	安装 MongoDB	
	连接 MongoDB	√
	启动 MongoDB	
数据库操作	创建名为 studentdb 的数据库	
	删除名为 studentdb 的数据库	
集合操作	创建名为 studentinf 的数据库	
	删除名为 studentinf 的数据库	

任务拓展

1. Linux 操作系统的安装与配置。
2. 描述 MongoDB 数据中数据库、集合、文档三者的关系。

任务 2.2　操作 MongoDB 数据库文档

任务情境

【任务场景】

文档是 MongoDB 存储的基本单元，在创建集合后就可以在里面完成数据的基本增删改查操作了。每年 10 月至次年的 3 月是流感的高发季节，目前各社区医院或社区卫生服务中心均可接种流感疫苗，为了对居民流感疫苗接种信息数据进行收集和统计以及实时更新，本任务将详细讲解如何使用 MongoDB 对集合 healthinf 中的文档进行插入、删除、更新以及查询操作。

【任务布置】

某社区居民流感疫苗接种信息数据如表 2.3 所示，本任务主要使用 MongoDB 文档操作相关技术实现建立数据集 healthinf、录入数据、删除数据、更新数据并按要求筛选出合适文档。

表 2.3　某社区居民流感疫苗接种信息数据集合 healthinf

_id	userid	name	community	vaccineinf	test	age	phone
1001	20210001	张三	XX 社区	已接种		12	138xxxx0001
1002	20210002	李四	YY 社区	已接种		65	138xxxx0002
1003	20210003	王五	XX 社区	未接种	阳性	70	138xxxx0003
1004	20210004	赵六	XX 社区	已接种		48	138xxxx0004
1005	20210005	孙七	XX 社区	已接种		63	138xxxx0005
1006	20210006	周八	XX 社区	已接种	阴性	66	138xxxx0006
1007	20210007	吴九	YY 社区	未接种	阴性	52	138xxxx0007
1008	20210008	郑十	XX 社区	未接种	阴性	53	138xxxx0008

任务准备

2.2.1　插入操作

2.2.1　插入操作

2.2.1　插入操作

文档插入可以分为单文档插入和多文档插入，要将数据插入 MongoDB 集合中，需要使用 insert() 或 save() 方法。

```
//单/多文档插入
db.collection.insert(document)
db.collection.save(document)
```

其中"db"表示当前数据库名,"collection"表示集合名,"insert()"和"save()"是插入文档的两个方法,其中"document"参数表示插入一个文档至集合中。

(1) insert():使用 insert 方法时,若没有 collection 集合对象,则第一次调用 insert 命令时自动建立集合。插入文档时,若集合中已存在该文档,则会抛出 DuplicateKeyException 异常提示重复;反之则写入。

(2) save():使用 save 方法插入文档时,若集合中已存在该文档,则会更新原有的文档;反之则写入。

使用 insert 命令向集合中插入文档的语法如下:

```
db.collection.insert(
    <document or array of documents>,
    {//可选字段
    writeConcern: <document>,
    ordered: <boolean>
})
```

参数:

(1) <document or array of documents>:表示可以插入一个或多个文档。

(2) writeConcern:表示抛出异常的级别,是一种出错捕捉机制。

(3) ordered:默认值为 true,表示在集合中执行文档的有序插入,若其中一个文档发生错误,命令将返回不再处理其余文档;若为 false,则表示执行无序插入;若其中一个文档发生错误,则忽略错误继续处理其余文档。

返回值:

(1) 若插入成功,则返回"WriteResult({ "nInserted" : 1 })"。

(2) 若插入失败,则返回 WriteResult.writeConcernError 对象字段内容。

完成插入命令后,可以通过 find()命令查看集合中插入数据的情况。

```
//展示集合内容
db.collection.find()
```

MongoDB3.2 开始新增两条简化的插入命令,insertOne()和 insertMany(),分别可以在集合里插入一个或多个文档。

```
//单文档插入
db.collection.insertOne(document)
//多文档插入
db.collection.insertMany([document1.document2,...])
```

返回值:

(1) acknowledged 字段,插入成功则为 true,反之为 false。

(2) insertedIds 数组字段,包含成功插入文档的 ObjectId 值。

【课堂训练 2-1】插入一个文档

1. 不指定_id 字段

```
//创建数据库 books
>use books
switched to db books                  //use 执行成功提示信息
>db.booksinf.insert(
{name:"<NoSQL 数据库技术>",major:"Java",content:"NoSQL 概述、MongoDB 入门到应用、Redis 入门到应用"}
)
 WriteResult({ "nInserted" : 1 })          /成功插入 1 条数据
```

返回结果 WriteResult({"nInserted":1})表示文档成功插入集合 books 中。

```
//显示集合内容
>db.booksinf.find()
//用户执行时 ObjectId 值显示不同
{ "_id" : ObjectId("619067c77af5c00fd32e888c"), "name" : "<NoSQL 数据库技术>", "major" : "Java", "content" : "NoSQL 概述、MongoDB 入门到应用、Redis 入门到应用" }
```

在插入过程中，MongoDB 将创建_id 字段并为其分配唯一的 ObjectId 值，该值与执行操作时的机器和时间有关。因此，用户执行时显示结果和示例不同。执行 db.booksinf.find()命令，显示集合 booksinf 中的内容，可以看到插入的关于"NoSQL 数据库技术"的文档。

2. 指定_id 字段

```
>db.booksinf.insert(
{_id:10,name:"<NoSQL 数据库技术>",major:"Java",content:"NoSQL 概述、MongoDB 入门到应用、Redis 入门到应用"}
)
 WriteResult({ "nInserted" : 1 })     //成功插入 1 条数据
```

在集合中插入指定_id 字段的文档时，_id 的值必须唯一。执行 db.booksinf.find()命令，可以看到此时集合中有两条数据，新插入文档的 id 值为插入时设置的 10。

```
//显示集合内容
>db.booksinf.find()
{ "_id" : ObjectId("619067c77af5c00fd32e888c"), "name" : "<NoSQL 数据库技术>", "major" : "Java", "content" : "NoSQL 概述、MongoDB 入门到应用、Redis 入门到应用" }
{ "_id" : 10, "name" : "<NoSQL 数据库技术>", "major" : "Java", "content" : "NoSQL 概述、MongoDB 入门到应用、Redis 入门到应用" }    //插入指定_id:10 的文档
```

【课堂训练 2-2】插入多个文档

向集合 bookdinf 中插入多个文档，其中插入的多个文档无须具有相同的字段，如只有第 1 个文档包含_id 字段，只有第 2 个文档包含 content 字段。同样，在插入的过程中，MongoDB 自动为后 3 个文档创建默认_id 字段。

```
>db.booksinf.insert(
[       //中括号,实现一次多个文档插入
{_id:20,name:"<JavaEE>",major:"Java"},
{name:"<HTML+CSS>",major:"Web",content:"HTML 搭建网页框架、CSS 设计网页样式"},
{name:"<HBase>",major:"Java、Web"},
{name:"<Springboot>",major:"Java"}
]
)
BulkWriteResult({
        "writeErrors" : [ ],
        "writeConcernErrors" : [ ],
        "nInserted" : 4,              //成功插入 4 条数据
        "nUpserted" : 0,
        "nMatched" : 0,
        "nModified" : 0,
        "nRemoved" : 0,
        "upserted" : [ ]
})
```

上述返回结果 BulkWriteResult 中字段""nInserted" : 4"表示成功插入 4 条数据到集合中。执行 find()命令后,显示集合中新增了 4 个文档。

```
//显示集合内容
>db.booksinf.find()
{ "_id" : ObjectId("619067c77af5c00fd32e888c"), "name" : "<NoSQL 数据库技术>",
"major" : "Java", "content" : "NoSQL 概述、MongoDB 入门到应用、Redis 入门到应用" }
    { "_id" : 10, "name" : "<NoSQL 数据库技术>", "major" : "Java", "content" : "NoSQL
概述、MongoDB 入门到应用、Redis 入门到应用" }
    { "_id" : 20, "name" : "<JavaEE>", "major" : "Java" }
    { "_id" : ObjectId("6190680b7af5c00fd32e888d"), "name" : "<HTML+CSS>",
"major" : "Web", "content" : "HTML 搭建网页框架、CSS 设计网页样式" }
    { "_id" : ObjectId("6190680b7af5c00fd32e888e"), "name" : "<Hbase>", "major" :
"Java、Web" }
    { "_id" : ObjectId("6190680b7af5c00fd32e888f"), "name" : "<Springboot>",
"major" : "Java" }
```

一次性插入多个文档,相比一条一条地插入省时省事,且由于 insert 的原子性特征,保证所有文档同时插入成功或同时插入失败。

【课堂训练 2-3】用简化命令插入文档

使用 insertOne()命令插入一个文档代码如下:

```
>db.booksinf.insertOne(           //单文档插入
    {name:"<Javascript>",major:"Web"}
)
```

```
//显示结果
{
"acknowledged" : true,        //插入成功提示
"insertedId" : ObjectId("61906bc17af5c00fd32e8890")
}
```

使用 insertMany()命令插入多个文档代码如下:

```
>db.booksinf.insertMany(              //多文档插入
  [
    {name:"<MongoDB>",major:"Java、Web"},
    {name:"<Redis>",major:"Java、Web"},
    {name:"<Hadoop>",major:"Java"},
  ]
)
//显示结果
{
    "acknowledged" : true,             //插入成功提示
    "insertedIds" : [
        ObjectId("61906bfa7af5c00fd32e8891"),
        ObjectId("61906bfa7af5c00fd32e8892"),
        ObjectId("61906bfa7af5c00fd32e8893")
    ]
}
```

【课堂训练 2-4】插入多个有序文档

```
>db.scoreinf.insert(
  [
    {_id:1001,name:"<张三>",major:"Java",score:92},
    {_id:1002,name:"<李四>",major:"Java",score:88},
    {_id:1003,name:"<王五>",major:"Web",score:46}
  ],
  {ordered:true}                  //有序插入
)
BulkWriteResult({
    "writeErrors" : [ ],
    "writeConcernErrors" : [ ],
    "nInserted" : 3,              //成功插入3条数据
    "nUpserted" : 0,
    "nMatched" : 0,
    "nModified" : 0,
    "nRemoved" : 0,
    "upserted" : [ ]
})
```

若 scoreinf 集合中存在 _id 字段相同的文档记录,当 ordered:true 时,上述命令将执行失

败，_id 相同的文档和后续文档将不再插入；当 ordered:false 时，除了出错记录外，后续新增文档将继续插入。

```
>db.scoreinf.find()              //显示集合内容
{ "_id" : 1001, "name" : "<张三>", "major" : "Java", "score" : 92 }
{ "_id" : 1002, "name" : "<李四>", "major" : "Java", "score" : 88 }
{ "_id" : 1003, "name" : "<王五>", "major" : "Web", "score" : 46 }
```

【课堂训练 2-5】用变量方式插入文档

```
>document=({_id:1004,name:"<赵六>",major:"Web",score:82})   //document 为变量名
{ "_id" : 1004, "name" : "<赵六>", "major" : "Web", "score" : 82 }
>db.scoreinf.insert(document)
 WriteResult({ "nInserted" : 1 })    //成功插入1条数据
```

【课堂训练 2-6】用 save 命令插入文档

```
>db.scoreinf.save({_id:1005,name:"<孙七>",major:"Java",score:76})
WriteResult({ "nMatched" : 0, "nUpserted" : 1, "nModified" : 0, "_id" : 1005 })
//插入提示
>db.scoreinf.save({_id:1005,name:"<孙七>",major:"Java",score:96})
WriteResult({ "nMatched" : 1, "nUpserted" : 0, "nModified" : 1 })         //更新提示
```

上述代码中，先使用 save()命令插入_id:1005 的数据，返回结果 WriteResult 中字段""nUpserted":1"表示成功插入 1 条数据。重复插入_id:1005 的数据时，返回结果 WriteResult 中字段""nMatched":1"和""nModified":1"，表示找到 1 条匹配数据并更新成功。

2.2.2 删除操作

当集合中存储的文档记录不需要时，可以通过删除命令将其永久删除。

2.2.2 删除操作　　2.2.2 删除操作

1. remove 命令

使用 remove 命令在集合中删除文档的语法如下：

```
//删除单个文档
db.collection.remove(
   <query>,
   {//可选字段
    justOne: <boolean>,
      writeConcern: <document>
   }
)
 //删除所有文档
db.collection.remove({})
```

参数：

（1）<query>：表示删除文档的条件。

（2）justOne:<boolean>：默认值为 false，删除符合条件的所有文档；若为 true，则只删除找到的第一个文档。

（3）writeConcern:<document>：表示抛出异常的级别。

返回值：

（1）若删除成功，则返回"WriteResult({"nRemoved":n})"。

（2）若删除失败，则返回 WriteResult.writeConcernError 对象字段内容。

2. delete 命令

由于 remove()方法通常用于从集合中删除文档，难以直接删除数据量十分庞大的集合，在这种情况下为了提升效率，MongoDB3.2 开始引入 delete()方法重新建立索引删除。注意：即使从集合中删除所有文档，删除操作也不会删除索引。官方推荐使用 deleteOne()和 deleteMany()方法删除文档。

```
//1.删除单个文档
//删除字段 status 为"MongoDB"的第一个文档
db.collection.deleteOne({status:"MongoDB"})
//2.删除多个文档
//删除字段 status 为"MongoDB"的所有文档
db.collection.deleteMany({status:"MongoDB"})
//3.删除所有文档
db.collection.deleteMany({})
```

【课堂训练 2-7】删除指定字段的单个文档

（1）首先执行 db.booksinf.find()命令，显示在集合 booksinf 中的内容。

```
>db.booksinf.find()
{ "_id" : ObjectId("619067c77af5c00fd32e888c"), "name" : "<NoSQL 数据库技术>", "major" : "Java", "content" : "NoSQL 概述、MongoDB 入门到应用、Redis 入门到应用" }
{ "_id" : 10, "name" : "<NoSQL 数据库技术>", "major" : "Java", "content" : "NoSQL 概述、MongoDB 入门到应用、Redis 入门到应用" }
{ "_id" : 20, "name" : "<JavaEE>", "major" : "Java" }
{ "_id" : ObjectId("6190680b7af5c00fd32e888d"), "name" : "<HTML+CSS>", "major" : "Web", "content" : "HTML 搭建网页 框架、CSS 设计网页样式" }
{ "_id" : ObjectId("6190680b7af5c00fd32e888e"), "name" : "<HBase>", "major" : "Java、Web" }
{ "_id" : ObjectId("6190680b7af5c00fd32e888f"), "name" : "<Springboot>", "major" : "Java" }
{ "_id" : ObjectId("61906bc17af5c00fd32e8890"), "name" : "<Javascript>", "major" : "Web" }
{ "_id" : ObjectId("61906bfa7af5c00fd32e8891"), "name" : "<MongoDB>", "major" : "Java、Web" }
```

```
    { "_id" : ObjectId("61906bfa7af5c00fd32e8892"), "name" : "<Redis>", "major" :
"Java、Web" }
    { "_id" : ObjectId("61906bfa7af5c00fd32e8893"), "name" : "<Hadoop>",
"major" : "Java" }
```

（2）使用 remove()方法，删除字段 major 为"Java、Web"的第一个文档记录。

```
db.booksinf.remove({"major":"Java、Web"},true)   //justOne 值设置为 true
WriteResult({ "nRemoved" : 1 })           //成功删除 1 条数据
```

（3）使用 deleteOne()方法，删除指定字段 major 为"Web"的第一个文档记录。

```
>db.booksinf.deleteOne({"major":"Web"})
{ "acknowledged" : true, "deletedCount" : 1 }   //成功删除 1 条数据
```

（4）执行 db.booksinf.find()命令，显示删除数据后集合 booksinf 中的内容。

```
>db.booksinf.find()
    { "_id" : ObjectId("619067c77af5c00fd32e888c"), "name" : "<NoSQL 数据库技术>",
"major" : "Java", "content" : "NoSQL 概述、MongoDB 入门到应用、Redis 入门到应用" }
    { "_id" : 10, "name" : "<NoSQL 数据库技术>", "major" : "Java", "content" : "NoSQL
概述、MongoDB 入门到应用、Redis 入门到应用" }
    { "_id" : 20, "name" : "<JavaEE>", "major" : "Java" }
    { "_id" : ObjectId("6190680b7af5c00fd32e888f"), "name" : "<Springboot>",
"major" : "Java" }
    { "_id" : ObjectId("61906bc17af5c00fd32e8890"), "name" : "<Javascript>",
"major" : "Web" }
    { "_id" : ObjectId("61906bfa7af5c00fd32e8891"), "name" : "<MongoDB>",
"major" : "Java、Web" }
    { "_id" : ObjectId("61906bfa7af5c00fd32e8892"), "name" : "<Redis>", "major" :
"Java、Web" }
    { "_id" : ObjectId("61906bfa7af5c00fd32e8893"), "name" : "<Hadoop>",
"major" : "Java" }
```

查询后，对比可以发现关于"<HBase>"和"<HTML+CSS>"的数据已被删除。

【课堂训练 2-8】删除指定字段的所有文档

（1）执行 db.booksinf.find()命令，显示集合 booksinf 中的内容（略）。

（2）使用 remove()方法，删除指定字段 name 为"<NoSQL 数据库技术>"的所有文档记录。

```
>db.booksinf.remove({"name":"<NoSQL 数据库技术>"})
WriteResult({ "nRemoved" : 2 })           //成功删除 2 条数据
```

（3）使用 deleteMany()方法，删除字段 major 为"Java、Web"的所有文档记录。

```
>db.booksinf.deleteMany({"major":"Java、Web"})
{ "acknowledged" : true, "deletedCount" : 2 }   //成功删除 2 条数据
```

(4) 执行 db.booksinf.find()命令,显示删除数据后集合 booksinf 中的内容。

```
>db.booksinf.find()
{ "_id" : 20, "name" : "<JavaEE>", "major" : "Java" }
{ "_id" : ObjectId("6190680b7af5c00fd32e888f"), "name" : "<Springboot>",
"major" : "Java" }
{ "_id" : ObjectId("61906bc17af5c00fd32e8890"), "name" : "<Javascript>",
"major" : "Web" }
{ "_id" : ObjectId("61906bfa7af5c00fd32e8893"), "name" : "<Hadoop>",
"major" : "Java" }
```

查询后,对比可以发现第 1、2、4、5 条数据记录已被删除。

【课堂训练 2-9】删除集合中的所有文档

(1) 使用 remove()方法,删除集合 booksinf 中的所有文档。

```
>db.booksinf.remove({})
WriteResult({ "nRemoved" : 4 })        //成功删除 4 条数据
>db.booksinf.find()                    //内容为空
```

(2) 使用 deleteMany()方法,删除集合 booksinf 中的所有文档。

现在集合 booksinf 为空,首先需要往集合中插入文档,可以使用 2.2.1 节中介绍的 insertMany()方法重新插入 3 条数据。

```
>db.booksinf.insertMany(              //重新插入 3 条数据
  [
    {name:"<Java>",major:"Java"},
    {name:"<MongoDB>",major:"Java、Web"},
    {name:"<Redis>",major:"Java、Web"}
  ]
)
{
  "acknowledged" : true,
  "insertedIds" : [
    ObjectId("61907ede7af5c00fd32e8894"),
    ObjectId("61907ede7af5c00fd32e8895"),
    ObjectId("61907ede7af5c00fd32e8896")
  ]
}
```

(3) 执行 db.booksinf.find()命令,显示集合中的全部内容。

```
>db.booksinf.find()
{ "_id" : ObjectId("61907ede7af5c00fd32e8894"), "name" : "<Java>", "major" :
"Java" }
{ "_id" : ObjectId("61907ede7af5c00fd32e8895"), "name" : "<MongoDB>",
"major" : "Java、Web" }
```

```
{ "_id" : ObjectId("61907ede7af5c00fd32e8896"), "name" : "<Redis>", "major" :
"Java、Web" }
```

（4）使用 deleteMany()方法，删除集合中的所有文档。

```
>db.booksinf.deleteMany({})
{ "acknowledged" : true, "deletedCount" : 3 }    //成功删除 3 条数据
db.booksinf.find()                //内容为空
```

2.2.3 更新操作

当集合中存储的文档记录需要修改时，可以通过 update()命令更新。

2.2.3 更新操作　　2.2.3 更新操作

使用 update 命令向集合中更新文档的语法如下：

```
db.collection.update
(
    <query>,
    <update>,
    {//可选字段
    upsert: <boolean>,
    multi: <boolean>,
    writeConcern: <document>
    }
)
```

参数：

（1）<query>：表示更新文档的条件。

（2）<update>：表示更新操作符。

（3）upsert:<boolean>：默认值为 false，表示如果不存在更新文档，则不插入这个新的文档；若为 true，则插入。

（4）multi:<document>：默认值为 false，表示只更新查询到的第一个文档；若为 true，则将按条件查询到的文档全部更新。

（5）writeConcern:<document>：表示抛出异常的级别。

返回值：

（1）若更新成功，则返回"WriteResult({"nUpdated":n})"。

（2）若更新失败，则返回 WriteResult.writeConcernError 对象字段内容。

MongoDB3.2 开始新增三条简化的更新命令，updateOne()、updateMany()和 replaceOne()。

```
db.collection.updateOne(<filter>, <update>, <options>)      //更新单个文档
db.collection.updateMany(<filter>, <update>, <options>)     //更新多个文档
```

上述两条命令和 update()的区别在于，语法中少了"multi:"选项，updateOne()只适用于更新符合条件的一条文档数据，updateMany()只适用于更新符合条件的多条文档数据。

```
db.collection.replaceOne(<filter>, <replacement>, <options>)//更新单个文档
```

replaceOne()和 update()的区别，一个是语法中少了"multi:"选项，只适用于更新符合条件的一条文档数据；另一个是参数里不能有更新操作符。

【课堂训练 2-10】更新一个文档

（1）向集合 stuinf 中插入 3 条数据，并显示集合中的内容。

```
>db.stuinf.insertMany(              //多文档插入
[
    {_id:2101,stuid:"21010101",name:"Lily",major:"Java"},
    {_id:2102,stuid:"21010102",name:"Max",major:"Java"},
    {_id:2103,stuid:"21010103",name:"Akkira",major:"Web"}
]
)
{ "acknowledged" : true, "insertedIds" : [ 2101, 2102, 2103 ] }
>db.stuinf.find()
{ "_id" : 2101, "stuid" : "21010101", "name" : "Lily", "major" : "Java" }
{ "_id" : 2102, "stuid" : "21010102", "name" : "Max", "major" : "Java" }
{ "_id" : 2103, "stuid" : "21010103", "name" : "Akkira", "major" : "Web" }
```

（2）使用 update()方法，更新文档记录。

```
>db.stuinf.update(
    {_id:2103},
    {$set:{major:"Java"}}         //$set 操作符修改数据
)
 WriteResult({ "nMatched" : 1, "nUpserted" : 0, "nModified" : 1 })    //成功更新 1 条数据
```

（3）使用 updateOne()方法，更新一个文档记录。

```
>db.stuinf.updateOne(
    {_id:2102},
    {$set:{name:"Monkey"}}        //$set 操作符修改数据
)
{ "acknowledged" : true, "matchedCount" : 1, "modifiedCount" : 1 }   //成功更新 1 条数据
```

（4）使用 replaceOne()方法，更新一个文档记录。

```
//错误写法，报错不能使用更新操作符
>db.stuinf.replaceOne(
    {name:"Lily"},
    {$set:{name:"Lisa"}}          //$set 操作符修改数据
)
 //正确写法
>db.stuinf.replaceOne(
    {name:"Lily"},
    {name:"Lisa"}
```

)
{ "acknowledged" : true, "matchedCount" : 1, "modifiedCount" : 1 } //成功更新 1 条数据

（5）执行 db.stuinf.find()命令，显示更新数据后集合 stuinf 中的内容。

```
>db.stuinf.find()
{ "_id" : 2101, "name" : "Lisa"}
{ "_id" : 2102, "stuid" : "21010102", "name" : "Monkey", "major" : "Java" }//name 已修改
{ "_id" : 2103, "stuid" : "21010103", "name" : "Akkira", "major" : "Java" } //major 已修改
```

【课堂训练 2-11】更新多个文档

（1）执行 db.stuinf.find()命令，显示集合 stuinf 中的内容（略）。

（2）使用 updateMany()方法，更新多个文档记录。

```
>db.stuinf.updateMany(
    {major:"Java"},
    {$set:{major:"Java、Web"}}
)
{ "acknowledged" : true, "matchedCount" : 2, "modifiedCount" : 2 }
```

（3）执行 db.stuinf.find()命令，显示更新数据后集合 stuinf 中的内容。

```
>db.stuinf.find()
{ "_id" : 2101, "name" : "Lisa"}
{ "_id" : 2102, "stuid" : "21010102", "name" : "Monkey", "major" : "Java、Web" }
{ "_id" : 2103, "stuid" : "21010103", "name" : "Akkira", "major" : "Java、Web" }
```

2.2.4 查询操作

使用 find 命令向集合中查询文档的语法如下：

```
db.collection.find(
    <query>,
    <projection>
)
```

2.2.4 查询操作　　2.2.4 查询操作

参数：

（1）<query>：表示查询文档的条件。

（2）<projection>：可选字段，指定需要返回的字段，或忽略返回所有字段。

1.查询所有文档

```
db.collection.find()                //查询所有文档
db.collection.find().pretty()       //查询所有文档，格式化返回查询结果(更易阅读)
```

在查询集合中的所有文档时，由于 find()命令以非结构化的方式来返回查询结果，为了使查询结果的格式更整齐直观，为 find()提供了.pretty()方法，以格式化的方式返回，更易于阅读。

【课堂训练 2-12】查询所有文档

查询集合 booksinf 中的所有文档。由于之前的练习中删除了 booksinf 里的全部内容，导致集合中无文档，因此需要先执行插入文档命令，再进行查询操作。

（1）使用 insertMany()方法插入 2 条数据到集合 booksinf 中。

```
>db.booksinf.insertMany(
 [
   {name:"<MongoDB>",major:"Java"},
   {name:"<Redis>",major:"Java"},
 ]
)
{
  "acknowledged" : true,
  "insertedIds" : [
      ObjectId("61927231be5ac3bd6c5d4424"),
      ObjectId("61927231be5ac3bd6c5d4425"),
  ]
}
```

（2）执行 db.booksinf.find()命令，查询所有文档。

```
>db.booksinf.find()
{ "_id" : ObjectId("61927231be5ac3bd6c5d4424"), "name" : "<MongoDB>", "major" : "Java" }
{ "_id" : ObjectId("61927231be5ac3bd6c5d4425"), "name" : "<Redis>", "major" : "Java" }
```

（3）执行 db.booksinf.find().pretty()命令，格式化返回查询结果。

```
>db.booksinf.find().pretty()
{
 "_id" : ObjectId("61927231be5ac3bd6c5d4424"),
 "name" : "<MongoDB>",
 "major" : "Java"
}
{
 "_id" : ObjectId("61927231be5ac3bd6c5d4425"),
 "name" : "<Redis>",
 "major" : "Java"
}
```

对比可以发现，利用 pretty()方法显示的查询结果易读性和美观性更强。

2. 按条件查询

MongoDB 支持按条件操作符来查询文档，条件操作符主要分为比较操作符和逻辑操作符。

表 2.4 为 MongoDB 的查询条件操作符、实例以及与 TRDB 语句的比较，其中实例基于集合 scoreinf 执行。

表 2.4　MongoDB 的查询条件操作符、实例以及与 TRDB 语句的比较

操作符	格式	实例	与 TRDB 的语句比较
等于(=)	{:{}}	db.scoreinf.find({score:88})	where score=88
不等于(!=)	{:{$ne:}}	db.scoreinf.find({score:{$ne:88}})	where score!=88
大于(>)	{:{$gt:}}	db.scoreinf.find({score:{$gt:88}})	where score>88
大于等于(>=)	{:{$gte:}}	db.scoreinf.find({score:{$gte:88}})	where score>=88
小于(<)	{:{$lt:}}	db.scoreinf.find({score:{$lt:88}})	where score<88
小于等于(<=)	{:{$lte:}}	db.scoreinf.find({score:{$lte:88}})	where score<=88
与(and)	{key1:value1,key2:value2,...}	db.scoreinf.find({major:"Java",score:88})	where major="Java"and score=88
或(or)	{$or:[{key1:value1},{key2:value2},...]}	db.scoreinf.find({$or:[{major:"Java"},{score:88}]})	where major="Java"or score=88

【课堂训练 2-13】用条件操作符查询文档

（1）首先执行 db.scoreinf.find()命令，显示集合 scoreinf 中的内容。

```
>db.scoreinf.find()
{ "_id" : 1001, "name" : "<张三>", "major" : "Java", "score" : 92 }
{ "_id" : 1002, "name" : "<李四>", "major" : "Java", "score" : 88 }
{ "_id" : 1003, "name" : "<王五>", "major" : "Web", "score" : 46 }
{ "_id" : 1004, "name" : "<赵六>", "major" : "Web", "score" : 82 }
{ "_id" : 1005, "name" : "<孙七>", "major" : "Java", "score" : 96 }
```

（2）使用 find()方法的比较操作符，查询成绩大于等于 88 分的文档记录。

```
>db.scoreinf.find({score:{$gte:88}})
{ "_id" : 1001, "name" : "<张三>", "major" : "Java", "score" : 92 }
{ "_id" : 1002, "name" : "<李四>", "major" : "Java", "score" : 88 }
{ "_id" : 1005, "name" : "<孙七>", "major" : "Java", "score" : 96 }
```

（3）使用 find()方法的逻辑操作符"与"，查询 Java 专业且成绩 88 分的文档记录。

```
>db.scoreinf.find({major:"Java",score:88})
{ "_id" : 1002, "name" : "<李四>", "major" : "Java", "score" : 88 }
```

（4）使用 find()方法的逻辑操作符"或"，查询 Java 专业或成绩 88 分的文档记录。

```
>db.scoreinf.find({$or:[{major:"Java"},{score:88}]})
{ "_id" : 1001, "name" : "<张三>", "major" : "Java", "score" : 92 }
```

```
{ "_id" : 1002, "name" : "<李四>", "major" : "Java", "score" : 88 }
{ "_id" : 1005, "name" : "<孙七>", "major" : "Java", "score" : 96 }
```

【课堂训练 2-14】区间查询操作

查询成绩 score 范围为大于 80 且小于 90 的文档。

```
>db.scoreinf.find({score:{$gt:80,$lt:90}})
{ "_id" : 1002, "name" : "<李四>", "major" : "Java", "score" : 88 }
{ "_id" : 1004, "name" : "<赵六>", "major" : "Web", "score" : 82 }
```

【课堂训练 2-15】自定义返回字段

默认情况下,每次查询都会返回文档中所有的{key:value}键值对,当然也可以自定义返回的字段,参数 1 表示返回某个字段,0 表示不返回。由于_id 字段默认是返回的,如果不想返回_id 字段,则需要设置 "_id:0"。如下代码表示只返回 name 字段,其他字段(包括_id)都不返回。

```
>db.scoreinf.find({},{name:1,_id:0})
{ "name" : "<张三>" }
{ "name" : "<李四>" }
{ "name" : "<王五>" }
{ "name" : "<赵六>" }
{ "name" : "<孙七>" }
```

3. 按特定类型查询

按特定类型查询文档主要分为 Null 类型查询、嵌套文档查询、数组查询和正则表达式查询。

```
//Null 类型查询
db.collection.find({<key>:null})
//嵌套文档查询
db.collection.find({<key>:{<key1>:<value1>,<key2>:<value2>}})  //精确匹配查询
db.collection.find({<key>.<key1>:<value1>})                    //点查询
//数组查询
db.collection.find({<key>:[<key1>,<key2>]})  //等价查询数组
db.collection.find({<key>:{$size:n}})                          //查询有 n 个元素的数组
//正则表达式查询
db.collection.find({<key>:/正则表达式/})
```

【课堂训练 2-16】Null 类型查询

(1)向集合 booksinf 中插入文档。

```
>db.booksinf.insert(
  [
    {_id:1001,name:"<SpringCloud>",major:null},
    {_id:1002}
  ]
)
```

```
WriteResult({ "nInserted" : 2 })
```

（2）查询 major 为 null 值的文档。

```
>db.booksinf.find({major:null})
{ "_id" : 1001, "name" : "<Java>", "major" : null }
{ "_id" : 1002 }
```

从返回结果可见，该查询不仅匹配出了 major 为 null 的文档，同时还匹配出不包含 major 键的文档。

【课堂训练 2-17】嵌套文档查询

（1）向集合 booksinf 中插入嵌套文档。

```
>db.booksinf.insert(
{
    name:"<HTML+CSS>",
    major:"Web",
    baseinf:{press:"电子工业出版社",price:49}
}
)
```

（2）执行精确查询文档命令，查询集合 booksinf 中包含子文档 press 和 price 且值分别为"电子工业出版社"和"49"的文档。

```
>db.booksinf.find({baseinf:{"press":"电子工业出版社","price":49}})
 { "_id" : ObjectId("6193d0ebc52336fc9b99ab11"), "name" : "<HTML+CSS>", "major" : "Web", "baseinf" : { "press" : "电子工业出版社", "price" : 49 } }
```

（3）执行点查询文档命令，查询集合 booksinf 中包含子文档 price 且值为 49 的文档。

```
>db.booksinf.find({"baseinf.price":49})
 { "_id" : ObjectId("6193d0ebc52336fc9b99ab11"), "name" : "<HTML+CSS>", "major" : "Web", "baseinf" : { "press" : "电子工业出版社", "price" : 49 } }
```

【课堂训练 2-18】数组查询

（1）向集合 booksinf 中插入包含数组的文档。

```
>db.booksinf.insert(
  [
{name:"<JavaI>",major:"Java",tags:['编程','面向对象程序设计','软件技术']},
{name:"<JavaII>",major:"Java",tags:['编程','面向对象程序设计','软件技术']},
{name:"<JavaIII>",major:"Java",tags:['编程','面向对象程序设计','软件技术','后端开发']}
  ]
)
```

（2）等价查询数组。

```
>db.booksinf.find({tags:['编程','面向对象程序设计','软件技术']})
```

```
    { "_id" : ObjectId("6193d472c52336fc9b99ab12"), "name" : "<JavaI>",
"major" : "Java", "tags" : [ "编程", "面向对象程序设计", "软件技术" ] }
    { "_id" : ObjectId("6193d472c52336fc9b99ab13"), "name" : "<JavaII>",
"major" : "Java", "tags" : [ "编程", "面向对象程序 设计", "软件技术" ] }
```

（3）查询有 4 个元素的数组。

```
>db.booksinf.find({tags:{$size:4}})
    { "_id" : ObjectId("6193d472c52336fc9b99ab14"), "name" : "<JavaIII>",
"major" : "Java", "tags" : [ "编程", "面向对象程序设计", "软件技术", "后端开发" ] }
```

4. 正则表达式查询

MongoDB 使用 $regex 操作符来设置匹配字符串的正则表达式。不同于全文检索，使用正则表达式不需要设置任何配置。

```
//正则表达式
db.collection.find({<key>:/pattern/})
//$regex 操作符
db.collection.find({<key>:{$regex:/pattern/<options>}})
db.collection.find({<key>:{$regex:'pattern'<options>}})
```

【课堂训练 2-19】使用$regex 操作符进行模糊查询

```
>db.booksinf.find({"tags":{$regex:/面/i}})
    { "_id" : ObjectId("6193d472c52336fc9b99ab12"), "name" : "<JavaI>", "major" :
"Java", "tags" : [ "编程", "面向对象程序设计", "软件技术" ] }
    { "_id" : ObjectId("6193d472c52336fc9b99ab13"), "name" : "<JavaII>",
"major" : "Java", "tags" : [ "编程", "面向对象程序 设计", "软件技术" ] }
    { "_id" : ObjectId("6193d472c52336fc9b99ab14"), "name" : "<JavaIII>",
"major" : "Java", "tags" : [ "编程", "面向对象程序设计", "软件技术", "后端开发" ] }
```

关于正则表达式$regex 操作符的 options 选项说明如表 2.5 所示，其中 i、m、x、s 可以组合使用，例如，{name:{$regex:/pattern/,$options:"si"}}，也可以简写为{name: /pattern/si}。

表 2.5　正则表达式$regex 操作符的 options 选项说明

选项	解释	语法	选项说明
i	忽略大小写	{{$regex/pattern/i}}	模式中的字母会进行大小写不敏感匹配
m	多行匹配模式	{{$regex/pattern/,$options: 'm'}	更改^和$元字符的默认行为，分别使用与行的开头和结尾匹配
x	忽略非转义空白字符	{:{$regex:/pattern/,$options: 'x'}	忽略非转义的空白字符，同时井号(#)被解释为注释的开头注
s	单行匹配模式	{:{$regex:/pattern/,$options: 's'}	改变模式中的点号(.)元字符的默认行为，匹配所有字符

5. limit()、skip()和 sort()方法

（1）limit()函数用于限制返回查询结果的个数。

（2）skip()函数用于略过指定个数的文档。

```
db.booksinf.find().limit(1)           //返回第一个文档
db.booksinf.find().skip(2)            //显示第3条开始的文档记录
```

（3）sort()函数用于对查询结果进行排序，1表示升序，-1表示降序。

```
db.collection.find().sort({<key>:1})       //1：按升序排列
db.collection.find().sort({<key>:-1})      //-1：按降序排列
```

【课堂训练 2-20】将学生成绩按升序排列

```
>db.scoreinf.find().sort({score:1})
{ "_id" : 1003, "name" : "<王五>", "major" : "Web", "score" : 46 }
{ "_id" : 1004, "name" : "<赵六>", "major" : "Web", "score" : 82 }
{ "_id" : 1002, "name" : "<李四>", "major" : "Java", "score" : 88 }
{ "_id" : 1001, "name" : "<张三>", "major" : "Java", "score" : 92 }
{ "_id" : 1005, "name" : "<孙七>", "major" : "Java", "score" : 96 }
```

【课堂训练 2-21】将学生成绩进行数据分页

```
>db.scoreinf.find().sort({score:1}).limit(2)
{ "_id" : 1003, "name" : "<王五>", "major" : "Web", "score" : 46 }
{ "_id" : 1004, "name" : "<赵六>", "major" : "Web", "score" : 82 }
>db.scoreinf.find().sort({score:1}).skip(2).limit(2)
{ "_id" : 1002, "name" : "<李四>", "major" : "Java", "score" : 88 }
{ "_id" : 1001, "name" : "<张三>", "major" : "Java", "score" : 92 }
>db.scoreinf.find().sort({score:1}).skip(4).limit(2)
{ "_id" : 1005, "name" : "<孙七>", "major" : "Java", "score" : 96 }
```

任务实施

首先建立集合healthinf，接下来对集合文档做增删改查操作。对于MongoDB数据库的可视化操作可以配合Navicat一起使用。

```
>use healthinf
switched to db healthinf
```

（1）插入：向集合healthinf中插入所有文档，显示结果（略）。

```
>db.healthinf.insertMany(
  [
    {_id:1001,userid:20210001,name:"张三",community:"XX 社区",vaccineinf:"已接种",age:12,phone:"138****0001"},
    {_id:1002,userid:20210002,name:"李四",community:"YY 社区",vaccineinf:"已接种",age:65,phone:"138****0002"},
    ...
    {_id:1008,userid:20210008,name:"郑十",community:"XX 社区",vaccineinf:"
```

未接种","nucleic acid test":"阴性",age:53,phone:"138****0008"}
        ]
)
```

(2)查询：查询集合 healthinf 中的所有文档，显示结果（略）。

```
>db.healthinf.find().pretty()
{
        "_id" : 1001,
        "userid" : 20210001,
        "name" : "张三",
        "community" : "XX 社区",
        "vaccineinf" : "已接种",
        "age" : "12",
        "phone" : "138****0001"
}
...
```

(3)删除：需要管理的是 XX 社区的数据，因此需要删除指定字段 community 为 YY 社区的所有文档。

```
>db.healthinf.deleteMany({"community":"YY 社区"})
{ "acknowledged" : true, "deletedCount" : 2 }
```

(4)更新：社区居民郑十已于近期完成疫苗接种，将指定字段_userid 为 20210008 的疫苗接种情况 vaccineinf 字段更新为"已接种"。

```
>db.healthinf.updateOne({userid:20210008},{$set:{vaccineinf:"已接种"}})
{ "acknowledged" : true, "matchedCount" : 1, "modifiedCount" : 1 }
```

(5)排序：60 岁以上老人是流感疫苗接种的重要人群，将集合中的所有文档按指定字段 age 降序排列，筛选出 60 岁以上接种信息，返回 userid、name、vaccineinf、age 等字段。

```
>db.healthinf.find({age:{$gte:60}},{userid:1,name:1,vaccineinf:1,_id:0})
.sort({age:-1})
    { "userid" : 20210003, "name" : "王五", "vaccineinf" : "未接种", "age" : "70" }
    { "userid" : 20210006, "name" : "周八", " vaccineinf" : "已接种", "age" : "66" }
    { "userid" : 20210002, "name" : "李四", " vaccineinf" : "已接种", "age" : "65" }
    { "userid" : 20210005, "name" : "孙七", " vaccineinf" : "已接种", "age" : "63" }
```

(6)查询：用步骤(5)的返回字段和排序方式，筛选出指定字段 vaccineinf 等于"已接种"的所有文档。

```
>db.healthinf.find({age:{$gte:60},vaccineinf:"已接种"},{userid:1,name:1,
vaccineinf:1,_id:0}).sort({age:-1})
    { "userid" : 20210006, "name" : "周八", " vaccineinf" : "已接种", "age" : "66" }
    { "userid" : 20210002, "name" : "李四", " vaccineinf" : "已接种", "age" : "65" }
    { "userid" : 20210005, "name" : "孙七", " vaccineinf" : "已接种", "age" : "63" }
```
```

任务评价

填写任务评价表，如表 2.6 所示。

表 2.6　healthinf 集合任务评价表

任务步骤和方法	工作任务清单	完成情况
1. 插入 insertMany()	向集合 healthinf 中插入所有文档	
2. 查询 find().pretty()	查询集合 healthinf 中的所有文档	
3. 删除 deleteMany()	删除指定字段 community 为 YY 社区的所有文档	
4. 更新 updateOne()	将指定字段 _userid 为 20210008 的疫苗接种情况 vaccineinf 字段更新为"已接种"	
5. 排序 find().sort()	按指定字段 age 降序排列，返回 userid、name、vaccineinf、age 字段	
6. 查询 find().sort()	用步骤（5）的返回字段和排序方式，筛选出指定字段 vaccineinf 等于"已接种"的所有文档	

任务拓展

1. 嵌套文档的增、删、改、查。
2. 编写出错机制 WriteConcern。

任务 2.3　通过 Java 访问 MongoDB 数据库

任务情境

【任务场景】

目前 Java 的主流开发工具有 Eclipse 和 IDEA，在开发实际项目时由于 IDEA 工具拥有丰富的内置插件、自动识别代码错误模块和简单的修复功能，因此成为大多数 Java 开发程序员的首选。本任务将介绍如何使用 Java 开发工具创建一个 Project 项目，并在该项目中通过 Java 访问 MongoDB 数据库。

【任务布置】

由于要在开发工具中创建项目，需要下载并安装 Java JDK、Eclipse 或 IDEA，部署 Java 开发环境，创建 Project 项目，导入相关驱动或依赖，配置 MongoDB 相关参数，连接数据库并对集合中的文档进行插入、删除、更新、查询等操作。本任务默认读者拥有 Java 语言基础，使用数据库 score 下的学生成绩数据集合 scoretest 中的部分文档进行相关数据操作，如表 2.7 所示。

表 2.7　学生成绩数据集合 scoretest

_id	name	major	score
2001	小明	Java	92
2002	小红	Java	88
2003	小张	Web	46
2004	小朱	Java	75

任务准备

2.3.1　部署 Java 开发环境

2.3.1　部署 Java
开发环境

2.3.1　部署 Java
开发环境

1. MongoDB 的下载安装

本书实例采用的是 MongoDB 4.4.10 版本，安装过程见 2.1.1 节。

2. JDK 版本

访问 Java 官网，下载 JDK 安装包，本书采用的是 Windows 系统下的 JDK1.8 版本。

3. Eclipse 的下载安装

访问 Eclipse 官网，下载 Eclipse 安装包，本书采用的是 Windows 系统下的 Eclipse2020 版本。

4. IDEA 的下载安装

访问 IDEA 官网，下载 Intellij IDEA 安装包，本书采用的是 Windows 系统下的 IDEA2023 版本。

2.3.2　使用 Java 连接 MongoDB

2.3.2　使用 Java
连接 MongoDB

2.3.2　使用 Java
连接 MongoDB

1. 使用 Eclipse 创建 Java 项目

首先在 Eclipse 中新建一个 Java Project，将项目命名为 MongoDBTest，如图 2.19 所示。

在工程文件中添加 mongo-java-driver 驱动包，本书采用的是 3.4.2 版本驱动包，添加方式如下：

（1）在工程项目下新建 lib 文件夹，导入驱动包。

（2）选中驱动包，右键单击，选择"Build Path"→"Add to Build Path"命令（见图 2.20）。

（3）此时可将驱动包成功添加在工程项目的 Referenced Libraries 目录下。

2. 使用 IDEA 创建 Java 项目

1）基于 Maven 创建 Java 项目

添加 Maven 至 IDEA 工具中，具体设置如图 2.21 所示，然后创建 Maven 项目，如图 2.22 所示。

单元 2　MongoDB 入门

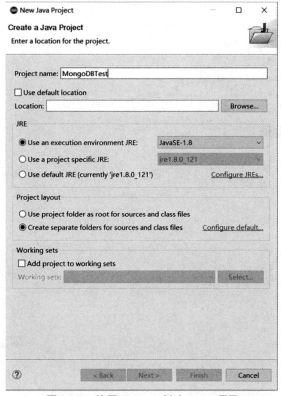

图 2.19　使用 Eclipse 创建 Java 项目

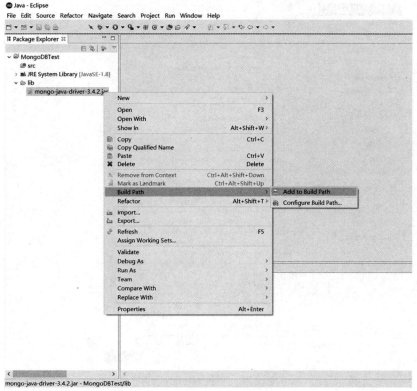

图 2.20　"Add to Build Path"命令

NoSQL 数据库技术

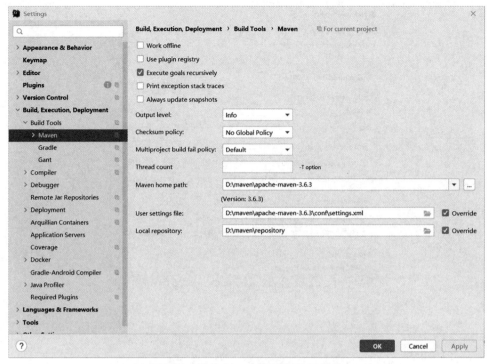

图 2.21 添加 Maven 至 IDEA 工具中

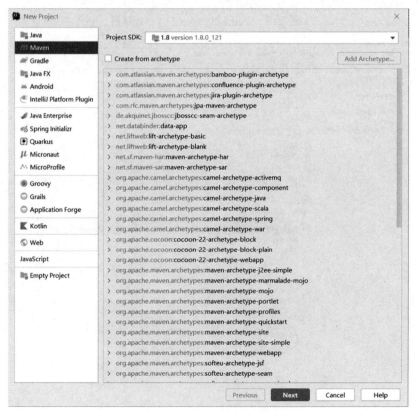

图 2.22 创建 Maven 项目

2）导入依赖包

使用 Maven 方式管理 MongoDB 相关依赖包，在项目中配置 pom.xml 文件，添加的具体内容如下：

```xml
<dependencies>
  <dependency>
    <groupId>org.mongodb</groupId>
    <artifactId>mongo-java-driver</artifactId>
    <version>3.12.10</version>
  </dependency>
</dependencies>
```

可以从 Maven 库网站中获取 mongo-java-driver 驱动所需版本，本书实例使用版本为 3.12.10 版本。

3. 编写测试类连接数据库

1）导入工具类

使用 Java 访问 MongoDB 完成增删改查等操作，需要导入相关类库，如连接数据库、建立客户端、数据库集合、文件操作的类库等。

```java
import com.mongodb.MongoClient;
import com.mongodb.client.MongoDatabase;
import com.mongodb.client.MongoCollection;
import org.bson.Document;
import java.util.ArrayList;
import com.mongodb.client.model.Filters;
```

2）连接数据库

连接数据库需要指定数据库名称，若不存在该数据库，则自动创建。

```java
public class MongoConnTest {
  public static void main(String[] args) {
    //连接 MongoDB 服务器，端口号 27017
    try (MongoClient mongoClient = new MongoClient ("localhost", 27017)){
      //输出所有数据库
      ArrayList<Document> databases = mongoClient.listDatabases()
                                  .into(new ArrayList<>());
      System.out.println("-----Connect Successfully-----");
      databases.forEach(db -> System.out.println(db.toJson()));
      //连接数据库 testdb，如没有则创建数据库对象
      MongoDatabase mongoDatabase = mongoClient.getDatabase("testdb");
      System.out.println("Database:"+mongoDatabase.getName());
    } catch (Exception e) {
      System.err.println(e.getClass().getName()+":"+e.getMessage());
```

```
        }
    }
}
```

2.3.3　使用 Java 操作基本指令

2.3.3　使用 Java 操作基本指令　　2.3.3　使用 Java 操作基本指令

1. 集合的相关操作

1）创建集合

连接至数据库之后，切换至集合 test。

```
MongoCollection mongoCollection = mongoDatabase.getCollection("test");
```

2）删除集合

```
mongoCollection.drop();
```

2. 文档的相关操作

切换至集合后，就可以进行文档的增删改查操作。

1）插入文档

首先定义文档，并使用 append()方法追加内容，代码如下：

```
Document document = new Document("key1","value1").append("key2","value2");
mongoCollection.insertOne(document);
```

Document 为 BSON 类型文档，实际上为一个列表，每项 2 个元素为键值对，使用 insertOne 方法将文档插入到集合中。

2）删除文档

使用 delete()方法删除一个或多个文档，代码如下：

```
mongoCollection.deleteOne(document);
mongoCollection.deleteMany(new Document("key","value"));
```

3）更新文档

使用 update()方法更新一个或多个文档，代码如下：

```
mongoCollection.updateOne(Filters.eq("key","value1"), new Document("$set", new Document("key","value2")));
```

4）查询文档

使用 find()命令查看文档，代码如下：

```
FindIterable<document> iterable = mongoCollection.find();
for(Document document : documents) {
    System.out.println(document);
}
```

任务实施

1. 创建集合 scoretest

```
MongoCollection mongoCol = mongoDatabase.getCollection("scoretest");
```

2. 插入集合 scoreinf 中的文档列表

```
List<document> documents = new ArrayList<Document>();
Document document1 = new Document("_id",2001)
            .append("name","小明")
            .append("major","Java")
            .append("score",92);
//以同样的方式创建 document2、document3、document4…
documents.add(document1).add(document2).add(document3);
mongoCol.insertMany(documents);
```

3. 删除集合中的文档 document3

```
mongoCol.deleteOne(document3);
```

4. 更新集合中的文档 document2

将 document2 中指定字段 major 中的专业"Web"更新为"Java"。

```
mongoCol.updateOne(Filters.eq("major","Web"),new Document("$set",new Document("major","Java")));
```

5. 查询集合中的文档

```
//1) FindIterable
FindIterable<document> iterable = mongoCol.find();
for(Document document : documents) {
    System.out.println(document);
}
//2) ArryList
ArrayList<Document> docs = mongoCol.find().into(new ArrayList<>());
docs.forEach(doc-> System.out.println(doc.toJson()));
```

任务评价

填写任务评价表，如表 2.8 所示。

表 2.8 scoretest 集合任务评价表

任务步骤和方法	工作任务清单	完成情况
1. getCollection()	创建集合 scoretest	
2. insertMany(documents)	插入集合 scoretest 中的文档列表	
3. deleteOne()	删除集合中的文档 document3	
4. updateOne()	更新集合中的文档 document2	
5. find()	查询集合中的文档	

【思政小课堂】数据准确和完整的重要性

在智慧校园应用上,可以利用 MongoDB 强大的数据处理能力,使用聚合方法进行专业成绩的分析。通过聚合操作,教育者可以方便地收集、整理和分析学生的专业成绩数据。利用聚合管道,可以对成绩数据进行过滤、分组、排序等操作,从而生成各种统计指标和可视化图表。这些分析结果有助于教育者直观了解学生成绩的整体情况,发现学生的学习特点和问题,进而制订针对性的教学计划和辅导策略。

【工匠精神】MongoDB 数据聚合的成功离不开数据的准确性和完整性。在进行成绩分析时,如果数据不准确或不完整,那么分析结果的可信度和有效性就会大打折扣。作为程序员,在日常学习和工作中,我们也需要理解工匠精神的基本内涵,养成追求精益求精的品质精神,细致踏实、打磨细节,不断提升职业素养,养成良好的代码习惯,确保代码内容的准确性和完整性,避免出现误导或遗漏的情况。

任务 2.4 使用 MongoRepository 操作 MongoDB 数据

任务情境

【任务场景】

MongoDB 命令行的方式在实际的开发环境或生产环境中都很少使用,大部分时候都是将 MongoDB 的操作封装成组件,在 Spring Boot 中,Spring Data MongoDB 提供 MongoRepository 与 MongoTemplate 两种操作方式。其中 MongoRepository 操作简单,缺点是不够灵活;与之对应的 MongoTemplate 操作灵活,但较复杂。在项目开发中可以灵活使用这两种方式。

使用 Spring Data MongoDB 的 MongoRepository 的优势在于可以不用写相关的查询组合语句,它会在内部实现这样的一个类。

【任务布置】

本任务默认读者拥有 Spring Boot 学习基础,同样使用数据库 score 下的学生成绩集合 scorestu 中的部分文档进行相关数据操作,如表 2.9 所示,为了方便对比,文档数据内容与表 2.7 一致。

表 2.9 学生成绩数据集合 scorestu

_id	name	major	score
2001	小明	Java	92
2002	小红	Java	88
2003	小张	Web	46
2004	小朱	Java	75

1. 学习 MongoRepository 的常用方法。
2. 使用 MongoRepository 操作组件实现 MongoDB 数据的增删改查。

任务准备

2.4.1 MongoRepository 简介

1. MongoRepository 概述

2.4.1 MongoRepository 简介

2.4.1 MongoRepository 简介

使用 MongoRepository 可以使你的代码更加简洁和可维护，因为它提供了一种声明式的方式来访问 MongoDB 数据库。通过注解和自动实现的接口，你可以专注于实现业务逻辑，而无须关心底层的数据库操作细节。

2. MongoRepository 的使用

在 Spring Boot 项目中整合 MongoDB，首先需要加入依赖的 jar 包，其次需要在 Spring Boot 项目的配置文件中加入 MongoDB 的配置，下面我们看一下整合步骤。

（1）在 Spring Boot 项目的 pom.xml 中加入依赖的 jar 包。

```
<dependency>
    <groupId>org.springframework.boot</groupId>
    <artifactId>spring-boot-starter-data-mongodb</artifactId>
</dependency>
```

高版本的 IDEA 在创建 Spring Boot 项目时可以直接勾选 NoSQL 相关依赖，如导入 Spring Data MongoDB，如图 2.23 所示。

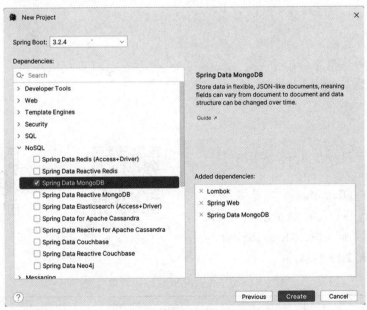

图 2.23 勾选 MongoDB 依赖

（2）在 Spring Boot 项目中创建接口文件继承自 MongoRepository。

Repository 接口是 Spring Data 的一个核心接口，它不提供任何方法，开发者需要在自己定义的接口中声明需要的方法。Repository 提供了最基本的数据访问功能，其几个子接口则扩展了一些功能，它们的继承关系如表 2.10 所示。

表 2.10 Repository 与其子接口继承关系

接口类	说明
Repository	任何继承它的均为仓库接口类
CrudRepository	继承 Repository 接口，实现了一组 CRUD 相关的方法
PagingAndSortingRepository	继承 CrudRepository 接口，实现了一组分页排序相关的方法
MongoRepository	继承 PagingAndSortingRepository 接口，实现一组 mongodb 规范相关的方法

注意 MongoRepository 后面接的泛型<T, ID>第一个为实体类，第二个为主键 ID。

```
public interface TRepository extends MongoRepository<T, ID> {
    //自定义查询方法
}
```

（3）修改 Spring Boot 项目启动类实现 CommandLineRunner、注入 TRepository、简单测试 CRUD 相关方法。

```
@SpringBootApplication
public class MongoApplication implements CommandLineRunner {
    @Autowired
    private TRepository tRepository;

    public static void main(String[] args) {
        SpringApplication.run(MongoApplication.class, args);
    }

    @Override
    public void run(String... args) throws Exception {
        //简答测试CRUD 相关方法
    }
}
```

2.4.2 MongoRepository 常用方法

自定义的 TRepository 类需要继承 MongoRepository 接口，继承后的自定义类具备了通用的数据访问控制。MongoRepository 的常用方法如表 2.11 所示。

2.4.2 MongoRepository 常用方法

2.4.2 MongoRepository 常用方法

表 2.11 MongoRepository 的常用方法

常用方法	说明
count()	统计总数
delete(T entities)	通过对象信息删除某条数据
deleteById(ID id)	通过 id 删除某条数据
deleteAll()	清空表中所有的数据
existsById(ID id)	判断数据是否存在
findAll()	获取表中所有的数据

续表

常用方法	说明
findAll(Sort sort)	获取表中所有的数据，按照某特定字段排序
findAll(Pageable pageable)	获取表中所有的数据，分页查询
findOneById(ID id)	通过 id 查询一条数据
findOne(Example example)	通过条件查询一条数据
insert(S entities)	插入一条数据
insert(Iterable< T > entities)	插入多条数据
save(S entities)	保存一条数据
saveAll(Iterable< T > entities)	加入多条数据

任务实施

本任务的主要目标是使用 MongoRepository 接口实现 MongoDB 数据的增删改查。

1. 创建项目 mongo-student

mongo-student 项目架构总览如图 2.24 所示。整个项目创建流程如下。

（1）创建 Spring Boot 项目 mongo-student，导入 MongoDB 依赖。

（2）在 com.example.mongostudent 包下创建实体类 Student。

（3）在 com.example.mongostudent 包下创建仓库类 StudentRepository。

（4）修改启动类 MongoStudentApplication 实现 CommandLineRunner 接口。

（5）在 MongoStudentApplication 类中使用 MongoRepository 方法测试 MongoDB 数据的增删改查。

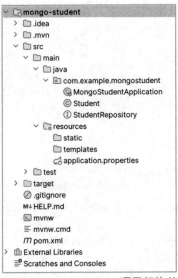

图 2.24　mongo-student 项目架构总览

2. 创建实体类 Student

```
package com.example.mongoscore.domain;
```

```
import org.springframework.data.annotation.Id;
import org.springframework.data.mongodb.core.mapping.Document;
import org.springframework.data.mongodb.core.mapping.Field;

@@Document("scorestu")
public class Student {
    @Id
    private String id;
    @Field
    private String name;
    @Field
    private  String major;
    @Field
    private Integer score;

    public Student(String id, String name, String major, Integer score) {
        this.id = id;
        this.name = name;
        this.major = major;
        this.score = score;
    }

    @Override
    public String toString() {
        return "Student{" +
                "id='" + id + '\'' +
                ", name='" + name + '\'' +
                ", major='" + major + '\'' +
                ", score=" + score +
                '}';
    }
}
```

3. 创建仓库类 StudentRepository

```
package com.example.mongostudent;

import org.springframework.data.mongodb.repository.MongoRepository;

public interface StudentRepository extends MongoRepository<Student, String>
{
    //自定义查询方法
}
```

4. 修改启动类 MongoStudentApplication 并测试数据

```
@SpringBootApplication
```

```java
public class MongoStudentApplication implements CommandLineRunner {
    @Autowired
    private StudentRepository studentRepository;

    public static void main(String[] args) {
        SpringApplication.run(MongoStudentApplication.class, args);
    }

    @Override
    public void run(String... args) throws Exception {
        //删除数据
        studentRepository.deleteAll();

        //插入数据
        //插入一条数据
        Student stu1 = new Student("2001","小明","Java",92);
        studentRepository.insert(stu1);
        //插入多条数据
        List<Student> stuList = Arrays.asList(
            new Student("2002","小红","Java",88),
            new Student("2003","小张","Web",46),
            new Student("2004","小朱","Java",75)
        );
        studentRepository.insert(stuList);

        //查询数据
        System.out.println("---Students found with findAll()|Before---");
        for (Student student : studentRepository.findAll()) {
            System.out.println(student);
        }
        System.out.println();

        //删除数据
        studentRepository.deleteById("2004");

        //更新数据
        Student stu_2003_Update = new Student("2003","小张","Java",46);
        studentRepository.save(stu_2003_Update);

        //查询数据
        System.out.println("---Students found with findAll()|After---");
        for (Student student : studentRepository.findAll()) {
            System.out.println(student);
        }
        System.out.println();
    }
}
```

控制台显示查询结果，如图 2.25 所示。

图 2.25　控制台显示查询结果

在 MongoDB Browser 中可以查看 scorestu 集合中数据的前后对比，如图 2.26 所示。

 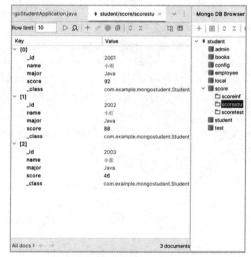

图 2.26　MongoDB Browser 中显示前后数据对比

任务评价

填写任务评价表，如表 2.15 所示。

表 2.12　mongo-student 项目任务评价表

任务步骤和方法	工作任务清单	完成情况
1. 创建 mongo-student 项目	创建 Spring Boot 项目，编写 Student、StudentRepository、MongoStudentApplication 类	
2. insert()	插入集合 scorestu 中的数据	
3. deleteById()	删除集合中 id 为 2004 的数据	
4. save()	更新集合中 major 为 Web 的数据为 Java	
5. findAll()	查询集合中的数据	

任务拓展

1. 使用 MongoRepository 完成集合数据的正则查询。
2. 使用 MongoRepository 完成集合数据的多条件分页查询。

任务 2.5　使用 MongoTemplate 操作 MongoDB 数据

任务情境

【任务场景】

在 Spring Boot 中，Spring Data MongoDB 提供 MongoRepository 与 MongoTemplate 两种操作方式。MongoRepository 的缺点是不够灵活，MongoTemplate 正好可以相互弥补。

MongoTemplate 类位于 org.springframework.data.mongodb.core 包中，为与数据库交互提供了丰富的功能集。该模板提供了创建、更新、删除和查询 MongoDB 数据的方便操作。

【任务布置】

本任务默认读者拥有 Spring Boot 学习基础，同样使用数据库 score 下的学生成绩集合 scoretest 中的部分文档进行相关数据操作，如表 2.13 所示，为了方便对比，文档数据内容与表 2.7 一致。

表 2.13　学生成绩数据集合 scoretest

_id	name	major	score
2001	小明	Java	92
2002	小红	Java	88
2003	小张	Web	46
2004	小朱	Java	75

1. 学习 MongoTemplate 的常用方法。
2. 使用 MongoTemplate 组件实现 MongoDB 数据的增删改查。

任务准备

2.5.1　MongoTemplate 简介

2.5.1　MongoTemplate 简介

2.5.1　MongoTemplate 简介

1. MongoTemplate 概述

Spring Boot 的 Spring-Boot-Starter-Data-Mongodb 为 MongoDB 的相关操作提供了一个高度封装的 MongoTemplate 类，它实现了 MongoOperations 接口，此接口定义了众多的操作方法如"find"、"findAndModify"、"findOne"、"insert"、"remove"、"save"、"update"、"updateMulti"等，提供了文档的增、删、改、查的便捷操作。它是线程安全的，可以在多

线程的情况下使用。

2. MongoTemplate 的使用

下面我们看一下使用步骤。

（1）同样在 Spring Boot 项目的 pom.xml 中加入 spring-data-mongodb 依赖。

```xml
<dependency>
    <groupId>org.springframework.boot</groupId>
    <artifactId>spring-boot-starter-data-mongodb</artifactId>
</dependency>
```

（2）在 Spring Boot 项目的配置文件 application.properties 中加入 MongoDB 配置。

```
spring.data.mongodb.uri = mongodb://127.0.0.1:27017
spring.data.mongodb.database = score
```

（3）在 Spring Boot 项目的测试类中注入 MongoTemplate 类。

```java
@Autowired
MongoTemplate mongoTemplate;
```

当 Spring Boot 的版本过高时，有可能导致 MongoTemplate 类不能通过@Autowired 自动注入。此时可以修改为@Resource，或在 Spring Boot 项目中创建 MongoTemplate 的实例。

```java
@Configuration
public class MongoDBConfig{
    @Value("${spring.data.mongodb.uri}")
    private String mongoUri;
    @Value("${spring.data.mongodb.database}")
    private String database;
    @Bean
    public MongoClient mongoClient() {
        return MongoClients.create(mongoUri);
    }
    @Bean
    public MongoTemplate mongoTemplate() {
        return new MongoTemplate(mongoClient(), database);
    }
}
```

由于 Spring Boot 自动配置了 MongoDB，在启动时会自动实例化一个 mongo 实例，所以单独配置的话，需要禁用掉自动配置，否则会出现 MongoSocketOpenException 报错，可以在启动类中添加如下注解：

```java
@SpringBootApplication(exclude = {
    MongoAutoConfiguration.class,
    MongoDataAutoConfiguration.class
```

})

2.5.2 MongoTemplate 常用方法

1. 集合相关操作

集合的相关操作包括创建集合、删除集合。下面我们来看集合相关的实例代码。

2.5.2 MongoTemplate 常用方法　　2.5.2 MongoTemplate 常用方法

1）创建集合

```
mongoTemplate.createCollection("scoretest");
```

2）删除集合

```
mongoTemplate.dropCollection("scoretest");
```

2. 对象的相关操作

对于每个实体类，MongoTemplate 会将其对象存入一个单独的集合（collection）中，该集合的默认集合名为实体类名，首字母变小写（如 com.example.Student 类的所有实例默认会被存入 student 集合中）。可以在实体类上加上@Document 注解，其 collection 属性指定将该类的实例对象存入该集合中。

```
@Document("scoretest")
```

1）插入文档

```
//插入单个文档
mongoTemplate.insert(object);
//插入多个文档
mongoTemplate.insert(objectCollection, Object.class);
```

2）删除文档

```
//按指定条件删除文档
mongoTemplate.remove(query, Object.class);
//删除全部文档
mongoTemplate.remove(new Query(), Object.class);
```

3）更新文档

```
//更新查找到的第一条记录
mongoTemplate.updateFirst(query, update, Object.class);
//更新查找到的全部文档
mongoTemplate.updateMulti(query, update, Object.class);
//不满足查询条件时，插入指定更新文档
mongoTemplate.upsert(query, update, Object.class);
```

4）查询文档

```
//查询单个文档
mongoTemplate.findOne(new Query(),Object.class);
```

```
//查询全部文档
mongoTemplate.find(new Query(),Object.class);
//根据id查询文档
mongoTemplate.findById("ObjectId",Object.class);
//根据指定条件query查询文档
mongoTemplate.find(query, Object.class)
```

其中与 MongoTemplate 查询相关的核心操作类为 Criteria 和 Query。

Criteria 类：封装所有的语句，以方法的形式查询，即 Criteria 对象代表的是查询条件。

Query 类：将语句进行封装或者添加排序之类的操作，即 Query 对象代表本次查询，包含查询条件和分页、排序等。

Mongo SQL 与 MongoTemplate 的对应关系如表 2.14 所示。

表 2.14　Mongo SQL 与 MongoTemplate 的对应关系

查询条件	Mongo SQL	MongoTemplate
is	db.scoretest.find({score:"88"});	Query query = new Query(Criteria.where("score").is("88")); mongoTemplate.find(query,Object.class);

and	db.scoretest.find({id:1,score: {$gt:60:}});	Criteria criteria = new Criteria();
		criteria.andOperator(Criteria.where("id").is("1"),Criteria.where("score").gt(60));
		Query queryAnd = new Query(criteria);
		mongoTemplate.find(queryAnd, Object.class);

or	db.scoreinf.find({$or:[{ id:1},{score:88}]})	Criteria criteria = new Criteria();
		criteria.orOperator(Criteria.where("id").is("1"),Criteria.where("score").is(88));
		Query queryOr = new Query(criteria);
		mongoTemplate.find(queryOr, Object.class);

分页	db.scoretest.find().sort({score:-1}).skip(0).limit(2)	Query query = new Query()
		query.with(Sort.by(Sort.Order.desc("score"))).skip(0).limit(2);
		mongoTemplate.find(query,Object.class);

任务实施

本任务的主要目标是使用 MongoTemplate 类实现 MongoDB 数据的增删改查。

1. 创建项目 mongo-score

mongo-score 项目架构总览如图 2.27 所示。整个项目创建流程如下。

（1）创建 Spring Boot 项目 mongo-score，导入 MongoDB 依赖。
（2）在 resources 目录下的 application.properties 文件中加入 MongoDB 配置。
（3）在 com.example.mongoscore.config 包下创建 MongoDBConfig 类。
（4）修改启动类 MongoScoreApplication 启动类，禁用 mongo 实例的自动配置。
（5）在 com.example.mongoscore.domain 包下创建实体类 Student。
（6）在 com.example.mongoscore 包下创建测试类 MongoScoreTest，注入 MongoTemplate。
（7）在测试类 MongoScoreTest 中测试 MongoDB 数据的增删改查。

单元 2　MongoDB 入门

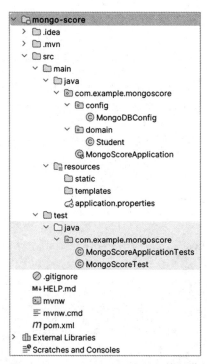

图 2.27　mongo-score 项目架构总览

2. 创建实体类 Student

```java
package com.example.mongoscore.domain;

import lombok.AllArgsConstructor;
import lombok.Data;
import lombok.NoArgsConstructor;
import org.springframework.data.annotation.Id;
import org.springframework.data.mongodb.core.mapping.Document;
import org.springframework.data.mongodb.core.mapping.Field;

@Data
@Document("scoretest")
@AllArgsConstructor
@NoArgsConstructor
public class Student {
    @Id
    private String id;
    @Field
    private String name;
    @Field
    private  String major;
    @Field
    private Integer score;
}
```

3. 创建测试类 MongoScoreTest

```
package com.example.mongoscore;

import org.springframework.beans.factory.annotation.Autowired;
import org.springframework.data.mongodb.core.MongoTemplate;

public class MongoScoreTest extends MongoScoreApplicationTests{
    @Autowired
    MongoTemplate mongoTemplate;
}
```

1）创建、删除集合

首先需要判断集合 scoretest 是否存在，若存在则删除当前集合后创建，若不存在则直接创建集合。

```
@Test
public void testCreateCollection(){
    boolean pro = mongoTemplate.collectionExists("scoretest");
    if(pro){
        //删除集合
        mongoTemplate.dropCollection("scoretest");
    }
    //创建集合
    mongoTemplate.createCollection("scoretest");
}
```

2）插入数据

根据数据库使用 Student 类创建学生对象。

```
@Test
public void testInsert(){
    //插入一条数据
    Student stu1 = new Student("2001","小明","Java",92);
    mongoTemplate.insert(stu1);

    //插入多条数据
    List<Student> stuList = Arrays.asList(
        new Student("2002","小红","Java",88),
        new Student("2003","小张","Web",46),
        new Student("2004","小朱","Java",75)
    );
    mongoTemplate.insert(stuList,Student.class);
}
```

在 MongoDB Browser 中可以看到 scoretest 集合中已经插入 4 条数据，如图 2.28 所示。

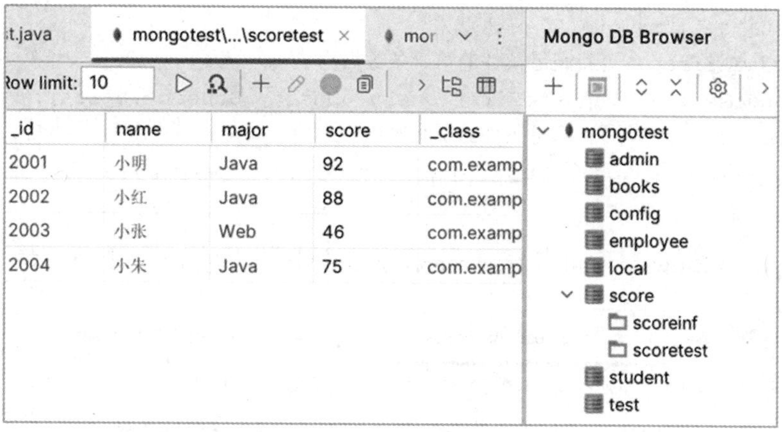

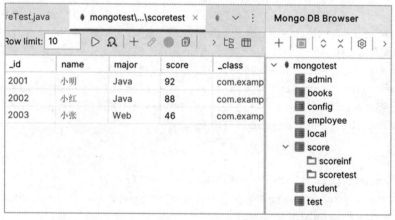

图 2.28　MongoDB Browser 中显示插入数据

3）删除数据

删除 id 为 2004 的学生对象。

```
@Test
public void testDelete(){
    //删除id为2004的文档
    Query query = new Query(Criteria.where("id").gte("2004"));
    mongoTemplate.remove(query, Student.class);
}
```

在 MongoDB Browser 中可以看到 scoretest 集合中已经删除该条数据，如图 2.29 所示。

图 2.29　MongoDB Browser 中显示删除后的剩余数据

4）更新数据

将专业为"Web"的学生对象专业更新为"Java"。

```
@Test
public void testUpdate(){
    Query query = new Query(Criteria.where("major").is("Web"));
    Update update = new Update();
```

71

```
        update.set("major","Java");
        //updateFirst()更新满足条件的第一条数据
        //mongoTemplate.updateFirst(query,update, Student.class);
        //updateMulti()更新满足条件的所有数据
        mongoTemplate.updateMulti(query,update, Student.class);
}
```

在 MongoDB Browser 中可以看到 scoretest 集合中已经更新专业数据，如图 2.30 所示。

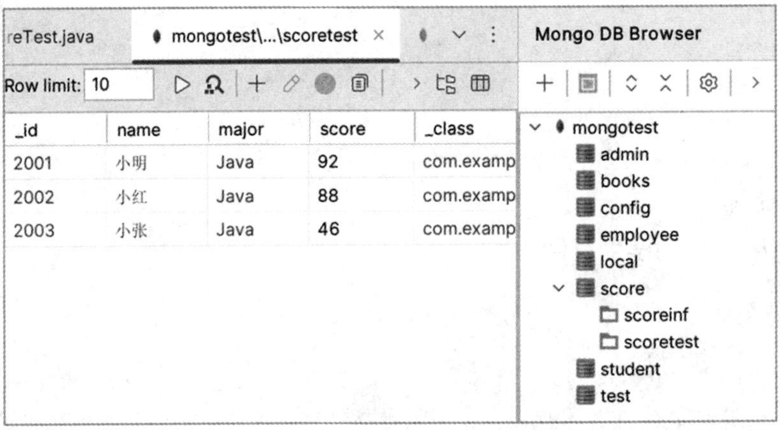

图 2.30　MongoDB Browser 中显示更新数据

5）查询数据

按条件查询全部文档、查询单个文档，根据 id 查询文档。

```
@Test
public void testFind(){
    //查询全部文档
    System.out.println("------findAll------");
    List<Student> stuList = mongoTemplate.findAll(Student.class);
    //mongoTemplate.find(new Query(),Student.class);//等价
    stuList.forEach(System.out::println);

    //查询单个文档
    System.out.println("------findOne------");
    Student stuOne = mongoTemplate.findOne(new Query(),Student.class);
    System.out.println(stuOne);

    //根据 id 查询文档
    System.out.println("------findById------");
    Student stuId = mongoTemplate.findById("2002",Student.class);
    System.out.println(stuId);
}
```

控制台显示查询结果，如图 2.31 所示。

```
    ------findAll------
    Student(id=2001, name=小明, major=Java, score=92)
    Student(id=2002, name=小红, major=Java, score=88)
    Student(id=2003, name=小张, major=Java, score=46)
    ------findOne------
    Student(id=2001, name=小明, major=Java, score=92)
    ------findById------
    Student(id=2002, name=小红, major=Java, score=88)

    Process finished with exit code 0
```

图 2.31　控制台显示查询结果

6）按条件查询数据

按条件查询相关数据。

```
@Test
public void testFindByQuery(){
    //条件查询
    //查询分数大于等于 60 的数据
    Query query1 = new Query(Criteria.where("score").gte(60));
    //查询分数大于 80 小于 90 的数据
    Query query2 = new Query(Criteria.where("score").gt(60).lt(90));
    //查询结果
    System.out.println("---query1:分数大于等于 60---");
    List<Student> queryList1 = mongoTemplate.find(query1,Student.class);
    queryList1.forEach(System.out::println);
    System.out.println("---query2:分数大于 80 小于 90---");
    List<Student> queryList2 = mongoTemplate.find(query2,Student.class);
    queryList2.forEach(System.out::println);

    //多条件查询
    //and 查询姓名为小张，且成绩小于 60 的数据
    Criteria criteria1 = new Criteria();
    criteria1.andOperator(Criteria.where("name").is("小张"),Criteria
.where("score").lt(60));
    Query queryAnd = new Query(criteria1);
    System.out.println("---queryAnd:姓名为小张，且成绩小于 60 的数据---");
    List<Student> queryAndList = mongoTemplate.find(queryAnd,Student.class);
    queryAndList.forEach(System.out::println);

    //or 查询姓名包含"张"，或成绩大于 90 的数据
    Criteria criteria2 = new Criteria();
    criteria2.orOperator(Criteria.where("name").regex("张"),Criteria
.where("score").gt(90));
    Query queryOr = new Query(criteria2);
    System.out.println("---queryOr:姓名包含"张"，或成绩大于 90 的数据---");
```

```
        List<Student> queryOrList = mongoTemplate.find(queryOr,Student.class);
        queryOrList.forEach(System.out::println);
    }
```

控制台显示按条件查询结果，如图 2.32 所示。

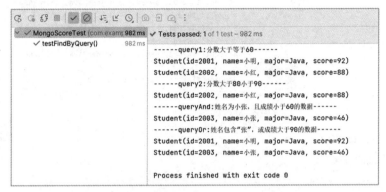

图 2.32　控制台显示按条件查询结果

7）排序后分页查询数据

按分数降序排序，并分页。查询集合中的数据。

```
@Test
public void testFindPageable(){
    //sort skip limit
    Query query = new Query();
    query.with(Sort.by(Sort.Order.desc("score"))).skip(0).limit(2);
    System.out.println("---按分数降序排序，每页显示2条数据---");
    System.out.println("---第 1 页---");
    List<Student> querySortList = mongoTemplate.find(query,Student.class);
    querySortList.forEach(System.out::println);
    query.with(Sort.by(Sort.Order.desc("score"))).skip(2).limit(2);
    System.out.println("---第 2 页---");
    List<Student> querySortList2 = mongoTemplate.find(query,Student.class);
    querySortList2.forEach(System.out::println);
}
```

控制台显示排序后分页查询结果，如图 2.33 所示。

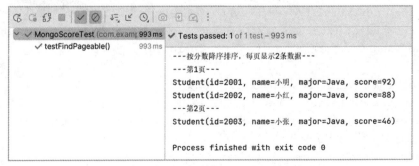

图 2.33　控制台显示排序后分页查询结果

任务评价

填写任务评价表，如表 2.15 所示。

表 2.15 mongo-score 项目任务评价表

任务步骤和方法	工作任务清单	完成情况
1. createCollection()/dropCollection()	创建集合 scoretest	
2. insert()	插入集合 scoretest 中的数据	
3. remove()	删除集合中 id 为 2004 的数据	
4. updateOne()	更新集合中 major 为 Web 的数据为 Java	
5. findAll()/findOne()/findById()	查询集合中的数据	
6. find()/andOperator()/orOperator()	按条件查询集合中的数据	
7. find()/sort()/skip()/limit()	排序后分页查询集合中的数据	

任务拓展

1. 使用 MongoTemplate 完成集合数据的正则查询。
2. 使用 MongoTemplate 完成集合数据的多条件分页查询。

【思政小课堂】美团从 MySQL 到 MongoDB 的技术转型

作为中国领先的本地生活服务平台，美团面临着海量的用户数据和交易数据。在早期的数据存储方案中，美团使用了 MySQL 数据存储方案。然而随着业务的快速扩展和数据的快速增长，MySQL 在数据处理和查询性能上遇到了瓶颈，因此美团选择了 MongoDB 作为新的数据存储方案。MongoDB 的高性能和可扩展性使得美团能够更好地应对高峰期的流量压力，提高了数据处理和查询的效率。

● 查询速度提升：通过索引优化和避免全表扫描等措施，美团的查询速度得到了显著提升，降低了用户等待时间，提高了用户体验。

● 数据处理能力增强：使用了 MongoDB 的分布式架构，美团能够处理更大规模的数据量，满足了业务快速发展的需求。

● 系统稳定性提高：通过分片技术和自动扩展等功能，美团的系统稳定性得到了提升，减少了故障发生的可能性。

【创新发展】美团敢于尝试新的技术，并成功将 MongoDB 应用于实际业务中，这体现了技术创新的重要性。创新是推动社会进步的重要动力，我们应该培养创新意识和创新能力，敢于挑战传统，勇于尝试新事物。

归纳总结

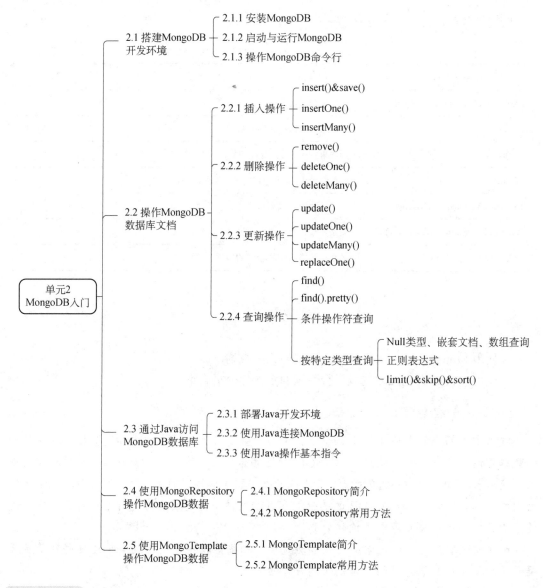

在线测试

单元 3　MongoDB 进阶

单元 3　MongoDB 进阶

学习目标

通过本单元的学习，学生能够了解 MongoDB 的索引模式，掌握各种不同类型索引的创建和使用，了解复杂的聚合查询，熟悉 MongoDB 的复制集，培养在不同的数据集合中进行分片的能力，能部署基本的 MongoDB 集群。

任务 3.1　高级索引

任务情境

【任务场景】

在生活中，方方面面都有索引，例如图书的目录就是索引，它可以让我们快速定位到需要的内容，关系型数据库如 MySQL 中有索引，非关系型数据库 MongoDB 中当然也有索引，本任务我们就来简单介绍下 MongoDB 中的索引操作。

【任务布置】

星光建材厂是一家主营建材产品的公司，某月其订单数据如下，本任务主要使用 MongoDB 索引相关操作实现在 order 集合中建立索引、查询索引、删除索引、创建复合索引及其排序等操作。

包含产品订单的 order 集合如下所示：

```
{ id: 0, productName: "Steel beam", status: "new", quantity: 10, price:170 },
{ id: 1, productName: "Wood", status: "urgent", quantity: 20, price:20 },
{ id: 2, productName: "Steel beam", status: "urgent", quantity: 30, price:170},
{ id: 3, productName: "Iron rod", status: "new", quantity: 15, price:130 },
{ id: 4, productName: "Iron rod", status: "urgent", quantity: 50, price:130 },
{ id: 5, productName: "Iron rod", status: "urgent", quantity: 15, price:130}
```

任务准备

3.1.1 单字段索引

3.1.1 单字段索引　　3.1.1 单字段索引

1. 创建索引

当我们在集合中查找文档时,如果没有建立索引,MongoDB 就会扫描所有的文档,将符合查询条件的文档筛选出来,这会使查询速度变得非常缓慢。所以,当集合中存在许多文档时,就需要创建索引。

在创建索引时,需用 createIndex()方法来指定索引字段及排序方式,语法如下:

```
>db.collection.createIndex(<keys>,< options>)
```

参数:

(1) <keys>:keys 值表示要创建的索引字段和排序规则,排序规则若为 1,表示按升序创建索引,若为-1,则表示按降序来创建索引。

(2) < options>:可选参数,有以下几个选择。

● background:创建索引过程会阻塞其他数据库操作,background 可指定以后台方式创建索引,background 默认值为 false。

● unique:设定此索引是否为唯一索引。指定为 true 则创建唯一索引,默认值为 false。

● name:索引的名称。如果未指定,则 MongoDB 通过连接索引的字段名和排序顺序生成一个索引名称。

● sparse:对文档中不存在的字段数据不启用索引。如果设置为 true 的话,在索引字段中就不会查询出不包含对应字段的文档,默认值为 false。

【课堂训练 3-1】创建索引

```
//创建数据库 employee
>use employee
switched to db employee                //use 执行成功提示信息
#向集合 user 内插入 4 条测试数据
db.user.insert({id:1,username:'zhangsan',age:20})
db.user.insert({id:2,username:'lisi',age:21})
db.user.insert({id:3,username:'wangwu',age:22})
db.user.insert({id:4,username:'zhaoliu',age:22})

在 user 集合的"id"字段上创建一个单字段的升序索引
> db.user.createIndex({"id":1})
{
    "numIndexesBefore" : 2,
    "numIndexesAfter" : 2,
    "note" : "all indexes already exist",
    "ok" : 1
}
```

2. 查询索引

在创建好索引后，可以利用 getIndexes()方法来查看集合中有哪些索引，如果想查询索引的大小，则可以用 totalIndexSize()方法。

1）getIndexes()方法

在集合中使用 getIndexes()命令查询索引的语法如下：

```
>db.collection. getIndexes()
```

【课堂训练 3-2】查询 employee 数据库中 user 集合的所有索引信息

```
#查看索引
> db.user.getIndexes()
[
        {
                "v" : 2,
                "key" : {
                        "_id" : 1
                },
                "name" : "_id_"
        },
        {
                "v" : 2,
                "key" : {
                        "id" : 1
                },
                "name" : "id_1"
        }
]
#说明：1 表示升序创建索引，-1 表示降序创建索引。
```

2）totalIndexSize()方法

使用 totalIndexSize()命令在集合中查询索引大小的语法如下：

```
>db.collection.totalIndexSize()
```

【课堂训练 3-3】查询 employee 数据库中 user 集合的所有索引的大小，单位为 byte

```
> db.user.totalIndexSize()
73728
```

3. 删除索引

当集合中建立的索引不需要时，可以通过删除命令将其永久删除。

1）dropIndex()方法

在集合中使用 dropIndex()命令删除索引的语法如下：

```
>db.collection.dropIndex(<index>)
```

【课堂训练 3-4】 删除 user 集合中名为"id_1"的索引

```
> db.user.dropIndex("id_1")
{ "nIndexesWas" : 2, "ok" : 1 }
```

从返回结果{ "nIndexesWas" : 2, "ok" : 1 }可以看出，集合 user 中的文档有 2 个索引，并成功删除了索引 id_1。

2）dropIndexes()方法

使用 dropIndexes()命令可以在集合中删除除了"_id"以外的全部索引，需要注意的是，此操作会将数据库锁住，直到全部索引删除完成，语法如下：

```
>db.collection.dropIndexes()
```

【课堂训练 3-5】 删除 user 集合中除"_id"以外的全部索引

```
#新增 2 个索引
> db.user.createIndex({"id":1})
> db.user.createIndex({"age":1})
#查看索引
> db.user.getIndexes()
[
        {
                "v" : 2,
                "key" : {
                        "_id" : 1
                },
                "name" : "_id_"
        },
        {
                "v" : 2,
                "key" : {
                        "id" : 1
                },
                "name" : "id_1"
        },
        {
                "v" : 2,
                "key" : {
                        "age" : 1
                },
                "name" : "age_1"
        }
]
#删除除"_id"以外的全部索引
> db.user.dropIndexes()
{
```

```
        "nIndexesWas" : 3,
        "msg" : "non-_id indexes dropped for collection",
        "ok" : 1
}
#查看索引
> db.user.getIndexes()
[ { "v" : 2, "key" : { "_id" : 1 }, "name" : "_id_" } ]
```

3.1.2 复合索引

当我们的查询条件多于一个时，就需要建立复合索引。复合索引是两个或更多字段的索引，并且它可以支持基于这些字段的查询，但是复合索引不支持 Hash 索引。

3.1.2 复合索引　　3.1.2 复合索引

1. 创建复合索引

当我们有多个查询条件时，为了提高查询效率，可以在这多个查询条件上添加索引，语法如下：

```
db.collection.createIndex({<keys1>:< options>,<keys2>,< options>})
```

【课堂训练 3-6】在 user 集合的 id 和 age 字段上创建升序索引

```
> db.user.createIndex({"id":1,"age":1})
{
        "createdCollectionAutomatically" : false,
        "numIndexesBefore" : 1,
        "numIndexesAfter" : 2,
        "ok" : 1
}
```

复合索引中列出的字段顺序很重要，为"id"和"age"字段创建索引后，集合会先按照 id 字段进行排序，并且按照 id 值升序排序，如果 id 值相同，则按照 age 值升序排序。此时集合的索引为：

```
> db.user.getIndexes()
[
        {
                "v" : 2,
                "key" : {
                        "_id" : 1
                },
                "name" : "_id_"
        },
        {
                "v" : 2,
                "key" : {
```

```
                    "id" : 1,
                    "age" : 1
                },
                "name" : "id_1_age_1"
        }
]
```

2. 复合索引排序

对于单字段索引，键的排序顺序可能并不重要，因为 MongoDB 可以在任一方向上索引，但是对于复合索引，在不确定索引是否可以支持排序操作的情况下，排序顺序就变得很重要。

对复合索引排序的语法如下：

```
db.collection.find().sort({<keys1>:< options>,<keys2>,< options>})
```

【课堂训练 3-7】对 user 集合的查询结果先按 age 值进行升序排序，然后按 id 值进行降序排序

```
> db.user.find().sort({age:1,id:-1})
    { "_id" : ObjectId("61b9b22cd6d61cfb59ea5774"), "id" : 1, "username" :
"zhangsan", "age" : 20 }
    { "_id" :ObjectId("61b9b22cd6d61cfb59ea5776"),"id":2,"username":"lisi",
"age" : 21 }
    { "_id" : ObjectId("61b9b22cd6d61cfb59ea5777"), "id" : 4, "username" :
"zhaoliu", "age" : 22 }
    { "_id" : ObjectId("61b9b22cd6d61cfb59ea5775"), "id" : 3, "username" :
"wangwu", "age" : 22 }
```

本例集合 user 中的 4 条数据，先按 age 字段进行升序排序，当 age 同为 22 时，按照 id 字段降序排序。

3.1.3　其他索引类型

1. 多键索引

3.1.3　其他索引类型　　3.1.3　其他索引类型

如果要索引数组类型的字段，则 MongoDB 可以在数组的每个元素上创建索引，这种多键索引可以有效地支持数组元素查询。多键索引建立在具体的值（比如字符串、数字）或内嵌文档的数组上。

创建多键索引的语法为：

```
db.coll.createIndex({<field>:<1 or -1>})
```

MongoDB 会自动在数组字段上面创建多键索引，不需要我们做特别声明。

【课堂训练 3-8】邮件地址查询

（1）准备数据集

```
> db.users.insertMany([
{ name:"Alice", emails: ["alice@example.com", "alice.work@example.com"] },
```

```
    { name: "Bob", emails: ["bob@example.com"] },
    { name: "Charlie", emails: ["charlie@example.com", "charlie.private@example.com", "charlie.work@example.com"] }
])
```

(2)创建多键索引

```
> db.users.createIndex({ emails: 1 })
{
    "createdCollectionAutomatically": false,
    "numIndexesBefore": NumberInt("1"),
    "numIndexesAfter": NumberInt("2"),
    "ok": 1
}
> db.users.getIndexes()
[
    {
        "v": NumberInt("2"),
        "key": {
            "_id": NumberInt("1")
        },
        "name": "_id_",
        "ns": "rj221.users"
    },
    {
        "v": NumberInt("2"),
        "key": {
            "emails": 1
        },
        "name": "emails_1",
        "ns": "rj221.users"
    }
]
```

(3)查询电子邮件地址

```
// 查找拥有特定电子邮件地址的用户
> db.users.find({ emails: "alice@example.com" })
{
    "_id": ObjectId("6653e81f962b2f22e4014998"),
    "name": "Alice",
    "emails": [
        "alice@example.com",
        "alice.work@example.com"
    ]
}
```

```
// 查找电子邮件地址以"@example.com"结尾的用户
> db.users.find({ emails: { "$regex": "@example\\.com$" } })
{
    "_id": ObjectId("6653e81f962b2f22e4014998"),
    "name": "Alice",
    "emails": [
        "alice@example.com",
        "alice.work@example.com"
    ]
}
{
    "_id": ObjectId("6653e81f962b2f22e4014999"),
    "name": "Bob",
    "emails": [
        "bob@example.com"
    ]
}
{
    "_id": ObjectId("6653e81f962b2f22e401499a"),
    "name": "Charlie",
    "emails": [
        "charlie@example.com",
        "charlie.private@example.com",
        "charlie.work@example.com"
    ]
}
```

2. 地理空间索引

MongoDB 提供了一系列的索引和查询机制来处理地理空间信息，包含两种表面类型：球面和平面。

1）球面

如果需要计算的地理数据就像在一个类似于地球的球形表面上，则可以选择球形表面（即球面）来存储数据，这样就可以使用 2dsphere 索引。

2）平面

如果需要计算距离，就像在一个欧几里德平面上计算两点之间的距离，则可以按照正常坐标对的形式存储位置数据并使用 2d 索引。

【课堂训练 3-9】附近外卖查询

（1）准备数据集

```
> db.restaurant.insert({
    restaurantId: 1,
    restaurantName: "海底捞",
    location: {
```

```
            type: "Point",
            coordinates: [ - 55.67, 48.32]
        }
    })
> db.restaurant.insert({
    restaurantId: 2,
    restaurantName: "顺德饭店",
    location: {
        type: "Point",
        coordinates: [ - 87.56, 82.63]
    }
})
> db.restaurant.insert({
    restaurantId: 3,
    restaurantName: "长友特色私房菜",
    location: {
        type: "Point",
        coordinates: [ - 23.34, 67.93]
    }
})
> db.restaurant.find()
```

在 Navicat 中查询 restaurant 集合中数据，如图 3.1 所示。

_id	restaurantId	restaurantName	location	location.type	location.coordinates
660aad9e4704cd3b260e4cd1	1	海底捞	(Document) 2 Fields	Point	(Array) 2 Elements
660aad9e4704cd3b260e4cd2	2	顺德饭店	(Document) 2 Fields	Point	(Array) 2 Elements
660aad9e4704cd3b260e4cd3	3	长友特色私房菜	(Document) 2 Fields	Point	(Array) 2 Elements

图 3.1 restaurant 集合中外卖店数据

（2）创建一个 2dsphere 索引

```
> db.restaurant.createIndex({
    location: "2dsphere"
})
> db.restaurant.getIndexes()
[
    {
        "v": NumberInt("2"),
        "key": {
            "_id": NumberInt("1")
        },
        "name": "_id_",
        "ns": "test.restaurant"
    },
```

```
    {
        "v": NumberInt("2"),
        "key": {
            "location": "2dsphere"
        },
        "name": "location_2dsphere",
        "ns": "test.restaurant",
        "2dsphereIndexVersion": NumberInt("3")
    }
]
```

（3）查询附近 10000 米商家信息

```
> db.restaurant.find({
    location: {
        $near: {
            $geometry: {
                type: "Point",
                coordinates: [ - 23.22, 67.94]
            },
            $maxDistance: 10000
        }
    }
})
// $near 查询操作符，用于实现附近商家的检索，返回数据结果按距离排序
// $geometry 操作符用于指定一个 GeoJSON 格式的地理空间对象

{
    "_id": ObjectId("660aad9e4704cd3b260e4cd3"),
    "restaurantId": 3,
    "restaurantName": "长友特色私房菜",
    "location": {
        "type": "Point",
        "coordinates": [
            -23.34,
            67.93
        ]
    }
}
```

3.1.4 索引执行计划查询

1. 分析查询性能

分析查询性能（Analyze Query Performance）通常使用

3.1.4 索引执行
计划查询

3.1.4 索引执行
计划查询

执行计划来查看查询情况，如查询耗费的时间、是否基于索引查询等。执行计划查询可以检验建立的索引是否有效、性能是否提升，语法如下：

```
> db.collection.find(query,options).explain(options)
```

建立索引前，"winningPlan"下的"stage"："COLLSCAN"表示全局扫描。

建立索引后，"winningPlan"下的"stage"："FETCH"表示抓取扫描，效率提升。

【课堂训练 3-10】插入 10w 条数据，对比建立索引前后查询时间

（1）插入 10 万条数据

```
> for(i=0;i<100000;i++){db.testinf.insert({name:'test'+i,age:i})}
WriteResult({ "nInserted" : 1 })
> db.testinf.find().count()
100000
```

（2）查询运行时间

```
> db.testinf.find({name:'test10000'}).explain('executionStats')
```

（3）建立索引

```
> db.testinf.createIndex({name:1})
```

（4）对比查询时间

```
> db.testinf.find({name:'test10000'}).explain('executionStats')
```

通过查看"executionTimeMillis"执行耗时进行对比。

2. 返回逐层分析

在返回结果中 executionStats 代表返回逐层分析。

（1）第一层，executionTimeMillis 最为直观，explain 返回值是 executionTimeMillis 值，指的是这条语句的执行时间，这个值当然是希望越小越好。

其中有 3 个 executionTimeMillis，分别是：

executionStats.executionTimeMillis，指的是该 query 的整体查询时间；

executionStats.executionStages.executionTimeMillisEstimate，指的是该查询检索 document 获得数据的时间；

executionStats.executionStages.inputStage.executionTimeMillisEstimate，指的是该查询扫描文档 index 所用时间。

（2）第二层，index 与 document 扫描数与查询返回条目数，这个主要讨论 3 个返回项 nReturned、totalKeysExamined、totalDocsExamined，分别代表该条查询返回的条目、索引扫描条目、文档扫描条目。这些都直观地影响到 executionTimeMillis，我们需要扫描的越少速度越快。对于一个查询，我们最理想的状态是

nReturned=totalKeysExamined=totalDocsExamined。

（3）第三层，stage 状态分析，影响 totalKeysExamined 和 totalDocsExamined 的是 stage

的类型，类型列举如表 3.1 所示。

表 3.1　stage 类型

类型	说明
COLLSCAN	全表扫描
IXSCAN	索引扫描
FETCH	根据索引去检索指定 document
SHARD_MERGE	将各个分片返回数据进行 merge
SORT	表明在内存中进行了排序
LIMIT	使用 limit 限制返回数
SKIP	使用 skip 进行跳过
IDHACK	针对 _id 进行查询
SHARDING_FILTER	通过 mongos 对分片数据进行查询
COUNT	利用 db.collection.explain().count()之类进行 count 运算
TEXT	使用全文索引进行查询时候的 stage 返回
PROJECTION	限定返回字段时候 stage 的返回

对于普通查询，我们希望查询的时候尽可能用上索引，可以用如下 stage 的组合：

（1）Fetch+IDHACKFetch+IXSCAN。

（2）Limit+（Fetch+IXSCAN）。

（3）PROJECTION+IXSCAN。

（4）SHARDING_FITER+IXSCAN。

不希望看到包含如下的 stage：

（1）COLLSCAN（全表扫描）。

（2）SORT（使用 sort 但是无 index）。

（3）COUNT（不使用 index 进行 count）。

任务实施

首先建立集合 order，再对集合索引做增加、删除、查找等操作。

（1）创建集合 order。

```
db.order.insertMany( [
{ id: 0, productName: "Steel beam", status: "new", quantity: 10 ,price:170 },
{ id: 1, productName: "Wood", status: "urgent", quantity: 20  ,price:20 },
{ id: 2, productName: "Steel beam", status: "urgent", quantity: 30 ,price:170},
{ id: 3, productName: "Iron rod", status: "new", quantity: 15 ,price:130 },
{ id: 4, productName: "Iron rod", status: "urgent", quantity: 50 ,price:130  },
{ id: 5, productName: "Iron rod", status: "urgent", quantity: 15  ,price:130}
] )
```

（2）在 order 集合中的"id"字段上建立一个单字段的升序索引。

```
> db.order.createIndex({"id":1})
```

```
{
        "createdCollectionAutomatically" : false,
        "numIndexesBefore" : 1,
        "numIndexesAfter" : 2,
        "ok" : 1
}
```

(3) 查询集合中的索引。

```
> db.order.getIndexes()
[
        {
                "v" : 2,
                "key" : {
                        "_id" : 1
                },
                "name" : "_id_"
        },
        {
                "v" : 2,
                "key" : {
                        "id" : 1
                },
                "name" : "id_1"
        }
]
```

(4) 删除 order 集合中的 "id" 字段索引。

```
> db.order.dropIndex("id_1")
{ "nIndexesWas" : 2, "ok" : 1 }
```

(5) 在 order 集合的 quantity 和 price 字段上创建升序索引。

```
> db.order.createIndex({"quantity":1,"price":1})
{
        "createdCollectionAutomatically" : false,
        "numIndexesBefore" : 1,
        "numIndexesAfter" : 2,
        "ok" : 1
}
```

(6) 对 order 集合的查询结果先按 quantity 值进行升序排序,然后按 id 值进行降序排序。

```
> db.order.find().sort({quantity:1,id:-1})
{ "_id" : ObjectId("61c48e556444707391bc6ed4"), "id" : 0, "productName" : "Steel beam", "status" : "new", "quantity" : 10, "price" : 170 }
{ "_id" : ObjectId("61c48e556444707391bc6ed9"), "id" : 5, "productName" : "Iron rod", "status" : "urgent", "quantity" : 15, "price" : 130 }
```

```
    { "_id" : ObjectId("61c48e556444707391bc6ed7"), "id" : 3, "productName" :
"Iron rod", "status" : "new", "quantity" : 15, "price" : 130 }
    { "_id" : ObjectId("61c48e556444707391bc6ed5"), "id" : 1, "productName" :
"Wood", "status" : "urgent", "quantity" : 20, "price" : 20 }
    { "_id" : ObjectId("61c48e556444707391bc6ed6"), "id" : 2, "productName" :
"Steel beam", "status" : "urgent", "quantity" : 30, "price" : 170 }
    { "_id" : ObjectId("61c48e556444707391bc6ed8"), "id" : 4, "productName" :
"Iron rod", "status" : "urgent", "quantity" : 50, "price" : 130 }
```

任务评价

填写任务评价表，如表 3.2 所示。

表 3.2　任务评价表

任务步骤和方法	工作任务清单	完成情况
1. 创建集合	创建集合 order	
2. 创建单字段索引 createIndex ()	在 order 集合中的"id"字段上建立一个单字段的升序索引	
3. 查询索引 getIndexes()	查询集合中的全部索引	
4. 删除索引 dropIndex()	删除 order 集合中的"id"字段索引	
5. 创建复合索引 createIndex ()	在 order 集合的 quantity 和 price 字段上创建升序索引	
6. 索引排序 sort()	对 order 集合的查询结果先按 quantity 值进行升序排序，然后按 id 值进行降序排序	

任务拓展

了解更多索引类型，如 TTL 索引、全文本索引、Hash 索引等。

【思政小课堂】合适的索引与有规划的人生

大众点评是一个涵盖了大量餐饮商户、用户评论和评分等信息的平台，其数据量和查询需求都非常庞大。在大众点评中，MongoDB 索引的使用主要体现在以下几个方面。

● 商户信息索引：用户经常需要根据商户名称、地址、类型等信息进行搜索，对这些字段建立索引可以大大提高搜索效率。例如，可以对商户名称字段建立文本索引，支持模糊查询；对地址字段建立地理空间索引，支持基于位置的搜索。

● 评论和评分索引：用户评论和评分是大众点评平台的核心内容，用户经常需要按照评分排序或者查找特定关键词的评论。对评分字段建立索引可以加快排序查询的速度；对评论内容字段建立文本索引可以支持关键词搜索。

● 复合索引：在某些复杂的查询场景中，可能需要同时使用多个字段进行查询。例如，用户可能希望搜索在某个区域内评分较高的特定类型的商户。这时可以创建一个包含地址、评分和类型的复合索引，以优化这类查询的性能。

● 索引维护：随着数据的不断更新和变化，索引也需要定期维护以保持其有效性。MongoDB 提供了丰富的索引管理功能，包括创建、删除、重建索引等。管理员可以根据实际情况对索引进行优化和调整，以满足不断变化的业务需求。

通过合理使用 MongoDB 的索引，可以显著提升查询性能，提高用户体验。

【人生规划】索引在大众点评中的作用是帮助用户快速定位他们需要的信息，索引的创建并不是随意的，而是根据数据的特性和用户的需求来设计的。类似地，我们的人生也需要有明确的目标和方向，才能更有效地前进。没有目标的人生，就像是没有索引的数据库，我们也应该根据自身的特点和社会的需求来规划自己的成长路径。只有找到真正适合自己的方向，才能发挥出最大的潜力。

【终身学习】索引需要定期维护和更新，以确保其始终保持有效性。同样人生也是一个不断学习和进步的过程，我们只有不断地更新自己的知识和技能，养成终身学习的意识，以适应不断变化的环境和需求，才能保持竞争力，不被社会所淘汰。

任务 3.2　聚合

任务情境

【任务场景】

在 MongoDB 中，有两种方式计算聚合：Pipeline（管道方法）和 MapReduce 方法，Pipeline 查询速度快于 MapReduce，但是 MapReduce 的强大之处在于能够在多台 Server 上并行执行复杂的聚合逻辑。本任务我们利用两种方法对任务 3.1 中星光建材厂的订单数据 order 集合进行聚合处理。

【任务布置】

1. 利用 Pipeline 方法实现：筛选出状态为 "urgent" 的商品，按照 "productName" 字段对文档进行分组，并计算每种商品的总数量 "sumQuantity"。

2. 利用 MapReduce 方法实现：返回每种商品的总价格。

任务准备

3.2.1　Pipeline 方法

3.2.1　Pipeline 方法

3.2.1　Pipeline 方法

MongoDB 中的聚合是通过管道来实现的，主要用于处理数据，例如统计平均值、求和、分组、排序等，并返回计算后的数据结果。使用管道是有顺序的，会按照顺序将管道的结果传递给下一个管道中继续处理。

MongoDB 中聚合的方法使用 aggregate()，基本语法格式如下所示：

```
>db.collection.aggregate([
{<pipeline_1>},
{<pipeline_2>},
…
```

```
{<pipeline_n>},
])
```

其中，pipeline 代表不同的管道操作符，比较常见的管道操作符有$project、$match、$limit 等。

（1）$project：修改输入文档的结构，可以用来重命名、增加或删除域，也可以用于创建计算结果以及嵌套文档。

（2）$match：用于过滤文档，只输出符合条件的文档。$match 使用 MongoDB 的标准查询操作。

（3）$limit：用来限制 MongoDB 聚合管道返回的文档数。

（4）$skip：在聚合管道中跳过指定数量的文档，并返回余下的文档。

（5）$unwind：将文档中的某一个数组类型字段拆分成多条，每条包含数组中的一个值。

（6）$group：将集合中的文档分组，可用于统计结果。

（7）$sort：将输入文档排序后输出。

（8）$geoNear：输出接近某一地理位置的有序文档。

下面介绍几种常用的聚合操作。

1. $group

"$group" 操作符表示按指定的_id 表达式对输入文档进行分组，并为每个不同的分组输出一个文档，每个输出文档的字段都包含一个_id 字段，输出文档还可以包含保存某些累加器表达式值的计算字段。

$group 语法格式如下所示：

```
{
  $group:
    {
      _id: <expression>,
      <field1>: { <accumulator1> : <expression1> },
      ...
    }
}
```

其中，expression 代表分组的字段名称，field 表示显示的结果名称，accumulator 表示操作符，expression 表示计算的字段。

常用的操作符有如表 3.3 所示几种。

表 3.3 常用的操作符

常用表达式	含义
$sum	计算总和
$min	求最小值
$max	求最大值
$push	将结果文档中的值插入到一个数组中
$first	根据文档的排序获取第一个文档数据
$last	获取最后一个数据
$avg	平均值

2. $match

$match 操作符用来过滤文档,仅将符合指定条件的文档传递到下一个管道阶段。$match 获取指定查询条件的文档,查询语法与读操作查询语法相同,即$match 不接受原始聚合表达式。$match 语法格式如下所示:

```
{ $match: { <query> } }
```

【课堂训练 3-11】过滤文档

在 article 集合中插入如下文档,使用$match 执行作者为 "li" 匹配。

```
> db.article.insertMany([
    {author: "dave",score: 80,views: 100},
    {author: "dave",score: 85, views: 521},
    {author: "ahn",score: 60, views: 1000},
    {author: "li",score: 55, views: 5000},
    {author: "annT",score: 60, views: 50},
    {author: "li",score: 94, views: 999},
    {author: "ty",score: 95, views: 1000}
])
```

【课堂训练 3-12】学生成绩集合 Pipeline 练习

学生成绩集合 stuscore 如表 3.4 所示。

表 3.4 学生成绩集合 stuscore

_id	name	major	score
1	stu1	java	91
2	stu2	web	80
3	stu3	java	82
4	stu4	big data	61
5	stu5	web	73
6	stu6	java	76
7	stu7	web	94
8	stu8	big data	79
9	stu9	big data	93

(1) 统计学生总数($sum、$project)

```
> db.stuscore.aggregate([
    {$group: {_id: null,student_count: {$sum: 1}}},
    {$project: {_id:0}}
])
{"student_count": 9}
```

(2) 统计学生总分数($sum、$project)

```
> db.stuscore.aggregate([
```

```
    {$group:{_id:null,total_score:{$sum:"$score"}}},
    {$project:{_id:0}}
])
{"total_score": 729}
```

(3) 统计所有学生的最高分（$max/$min）

```
> db.stuscore.aggregate([
    {$group:{_id:null,max_score:{$max:"$score"}}},
    {$project:{_id:0}}
])
{"max_score": 94}
```

(4) 统计各专业学生个数（$group、$sum）

```
> db.stuscore.aggregate([
    {$group:{_id:"$major",student_count:{$sum:1}}},
])
//统计结果
{
    "_id": "big data",
    "student_count": 3
}
{
    "_id": "web",
    "student_count": 3
}
{
    "_id": "java",
    "student_count": 3
}
```

(5) 统计 java 班的平均分（$match、$avg）

```
> db.stuscore.aggregate([
    {$match:{major:"java"}},
    {$group:{_id:"$major",score_avg:{$avg:"$score"}}}
])
{
    "_id": "java",
    "score_avg": 83
}
```

(6) 统计平均分在 80 以上的专业（$group、$avg、$match、$project）

```
// （1）统计各专业的平均分
// （2）查询出平均分大于 80 的专业
> db.stuscore.aggregate([
```

```
    {$group:{_id:"$major",score_avg:{$avg:"$score"}}},
    {$match:{score_avg:{$gt:80}}},
    {$project:{_id:1}}
])
//统计结果
{"_id": "web"}
{"_id": "java"}
```

3.2.2　MapReduce 方法

MongoDB 中的 MapReduce 方法可以用来实现更复杂的聚合命令,可以将一个大问题分解为多个小问题,将各个小问题发送到不同的机器上去处理,所有的机器都完成计算后,再将计算结果合并为一个完整的解决方案。

3.2.2　MapReduce 方法　　3.2.2　MapReduce 方法

MapReduce 主要由两个函数实现：map 函数（映射）和 reduce 函数（规约），map 函数会将输入的数据通过生成"键值对序列"的方式,将相同"键"中的数据放到"值"数组中,再将 map 函数的结果作为 reduce 函数的参数,在 reduce 函数中做进一步的统计。与其他聚合操作一样,MapReduce 可以指定查询条件以选择输入文档以及对结果进行排序和限制。

MapReduce 的基本语法为：

```
>db.collection.mapReduce(
  <map>,
  <reduce>,
  {
    out: <collection>,
    query: <document>,
    sort: <document>,
    limit: <number>,
    finalize: <function>,
    scope: <document>,
    jsMode: <boolean>,
    verbose: <boolean>
  }
)
```

其中参数说明如下。

（1）map：映射函数（生成键值对序列,作为 reduce 函数参数）。

（2）reduce：统计函数。

（3）out：将 MapReduce 函数的处理结果输出至指定集合里。

（4）query：目标记录过滤。

（5）sort：目标记录排序。

（6）limit：限制目标记录数量。

（7）finalize：最终处理函数,使用此参数可以修改 reduce 的结果然后输出。

（8）scope：向 map、reduce、finalize 导入外部变量。
（9）jsMode：默认为 false，选择是否将数据转换成 BSON 格式。
（10）verbose：显示详细的时间统计信息。

【课堂训练 3-13】学生成绩集合 MapReduce 练习

1. 计算每个专业分数大于等于 80 的学生个数

```
// （1）每个专业学生个数
// （2）过滤分数大于等于 80
> db.stuscore.mapReduce(
    function() {emit(this.major, 1);},
    function(key, values) {return Array.sum(values);},
    {query: {score: {$gte: 80}},out: "total_stu"}
)
> db.total_stu.find()
//计算结果
{
    "_id": "big data",
    "value": 1
}
{
    "_id": "java",
    "value": 2
}
{
    "_id": "web",
    "value": 2
}
```

2. 计算每个专业学生的平均分，按分数从高到低排序

```
> db.stuscore.mapReduce(
    function() { emit(this.major,this.score); },
    function(key,values) { return Array.avg(values); },
    {out:"score_avg"}
)
> db.score_avg.find().sort({value:-1})
//计算结果
{
    "_id": "java",
    "value": 83
}
{
    "_id": "web",
    "value": 82.3333333333333
```

```
}
{
    "_id": "big data",
    "value": 77.6666666666667
}
```

任务实施

1. 利用聚合管道方法实现：筛选出状态为"urgent"的商品，按照"productName"字段对文档进行分组，并计算每种商品的总数量

（1）$match 阶段：过滤"status"字段为"urgent"的文档，并将结果输出到$group 管道。

（2）$group 阶段：按"productName"对输入文档进行分组，用$sum 计算每种商品 quantity 的总数，该总数存储在聚合管道返回的字段 sumQuantity 中。

```
> db.order.aggregate( [
...     { $match: { status: "urgent" } },
...     { $group: { _id:"$productName", sumQuantity: { $sum: "$quantity" } } }
... ] )
{ "_id" : "Iron rod", "sumQuantity" : 65 }
{ "_id" : "Steel beam", "sumQuantity" : 30 }
{ "_id" : "Wood", "sumQuantity" : 20 }
```

2. 利用 MapReduce 方法实现：返回每种商品的总价格

（1）定义 map 函数来处理每个输入文档，在函数中，"this"指的是 MapReduce 操作正在处理的文档，该函数将 price 映射到每个文档的 productName 中，并返回 productName 和 price 对。

```
> var mapFunction1 = function() {
...     emit(this.productName, this.price);
... };
```

（2）用两个参数 keyproductName 和 valuesPrices 定义相应的 reduce 函数，valuesPrices 是一个数组，其元素是 map 函数发出的价格值，并按 keyCustId 分组。

```
> var reduceFunction1 = function(keyproductName, valuesPrices) {
...     return Array.sum(valuesPrices);
... };
```

（3）使用 mapFunction1 函数和 reduceFunction1 函数对 order 集合中的所有文档执行 map-reduce 操作。

```
> db.order.mapReduce(
...     mapFunction1,
...     reduceFunction1,
...     { out: "map_reduce_example" }
... )
{ "result" : "map_reduce_example", "ok" : 1 }
```

（4）此操作将结果输出到名为 map_reduce_example 的集合中，如果集合已经存在，则替换原内容。查询 map_reduce_example 集合以验证结果。

```
> db.map_reduce_example.find().sort( { _id: 1 } )
{ "_id" : "Iron rod", "value" : 390 }
{ "_id" : "Steel beam", "value" : 340 }
{ "_id" : "Wood", "value" : 20 }
```

任务评价

填写任务评价表，如表 3.5 所示。

表 3.5　任务评价表

任务步骤和方法	工作任务清单	完成情况
1. 利用聚合管道方法实现：筛选出状态为"urgent"的商品，按照"productName"字段对文档进行分组，并计算每种商品的总数量	$match 操作	
	$group 操作	
2. 利用 MapReduce 方法实现：返回每种商品的总价格	map 函数	
	reduce 函数	

任务拓展

1. 了解其他管道操作符。

2. 从 4.4 版本开始，MongoDB 为用户提供了自定义聚合表达式的方法，可以大致重写 MapReduce 表达式，尝试使用聚合管道操作符（如$group、$merge 等）重写任务 3.2。

任务 3.3　部署分布式集群

任务情境

【任务场景】

前面的案例都是在单个节点上实现的，在实际生产环境下，服务器宕机、硬盘损坏、突发灾情等都会造成单节点故障，从而导致数据丢失并对公司业务造成损害。考虑到数据的可用性、安全性和可维护性，MongoDB 数据库多数基于多服务器集群运行，并通过复制和分片机制完成对数据的分布式处理。

【任务布置】

使用 Docker-Compose 实现单机版伪分布式分片集群，并测试海量数据在分片上的存储。

任务准备

3.3.1 集群架构

3.3.1 集群架构　3.3.1 集群架构

目前集群部署模式主要有主从复制（Master-Slaver）、副本集（Replica Set）、分片（Sharding）和副本集与分片混合部署。

1. 主从复制（Master-Slaver）

在所有数据库服务机器中，有且仅有一个主节点（Primary），一个或多个从节点（Secondary）。主节点提供所有客户端的增、删、改、查服务，从而保证数据的一致性，从节点不提供任何服务，但是可以通过分配查询服务给从节点，减轻主节点的压力。但是当主节点出现故障或宕机时，整个主从复制集群就无法正常工作，需要人工介入，因此官方建议用副本集替代主从复制。

2. 副本集（Replica Set）

副本集是一种互为主从的关系，可以理解成自带故障转移功能的主从复制集群，有且拥有一个主节点和多个副本节点，节点详细说明如表 3.6 所示。

表 3.6　副本集节点详细说明

主要成员	描述
主节点 Primary	有且仅有一个主节点，负责处理客户端请求和读写数据，通过 oplog 操作日志记录所有操作。发生故障时，自动切换到选举出的新主节点
副本节点 Secondary	有一个或多个副本节点，定期轮询读取主节点 oplog 操作日志，同步更新，保持与主节点数据一致
仲裁节点 Arbiter	仅参与选举投票，不会同步数据，也不会被选举为主节点，没有访问压力。当主节点出现故障，副本集中成员个数为偶数时，建议添加一个仲裁节点，保证选举票数不同

MongoDB 客户端程序（Driver）通过驱动器连接主节点（Primary）进行读写操作，副本节点（Secondary）与主节点（Primary）同步写入数据，保持数据的一致性。仲裁节点（Arbiter）负责在主节点发生故障时，参与选举新节点。副本集架构如图 3.2 所示。

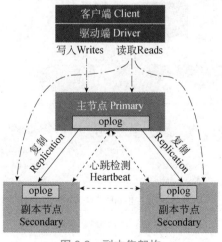

图 3.2　副本集架构

副本集没有固定的主节点,各节点会通过传递心跳信息来检测各自的健康状态,当集群中主节点发生故障时,拥有投票权的副本节点和仲裁节点会触发自动投票操作,选举出的一个副本节点会自动切换为新的主节点,客户端自动连接,保持可用性。一般情况下,一个副本集至少需要 3 个节点。

3. 分片(Sharding)

为了满足 MongoDB 数据量呈爆发式增长的需求,引入分片技术。分片是指将数据拆分并分散存放在不同机器上,存储和处理更多数据的过程。分片和副本集最大的不同在于,副本集是每个节点存储数据的相同副本,分片是每个节点存储数据的不同片段。

MongoDB 支持自动分片,内置多种分片逻辑,使数据库架构对应用程序不可见,简化系统管理。对现有系统进行分片的决定主要基于以下几点:磁盘活动、系统负载以及工作集大小与可用内存的比例。

分片集群主要由三个部分组成,即分片服务器(Shard Server)、路由服务器(Route Server)以及配置服务器(Config Server),具体如表 3.7 所示。

表 3.7 分片集群组成

分片组件	详情
分片服务器 Shard Server	每个 Shard Server 都是 mongod 实例,是实际存储数据的组件。从 MongoDB3.6 开始,分片必须部署成副本集,保存完整数据集中的一部分,并拥有容灾机制
路由服务器 Route Server	独立的 mongos 进程,客户端应用程序与分片集群交互的接口。路由器知道数据和分片的对应关系,mongos 进程是轻量级且非持久化的,类似消息分发请求中心,将所有读写请求指引到合适的分片上
配置服务器 Config Server	独立的 mongod 进程,存储分片集群的元数据和配置信息。从 MongoDB3.4 开始,配置服务器必须部署为副本集架构

分片集群架构大致的工作流程是,客户端提交数据给 mongos 进程,mongos 查看配置服务器 Config Server,知道了它包含的 Shard 有哪些,由此把数据均衡分配给各个 Shard,如图 3.3 所示。

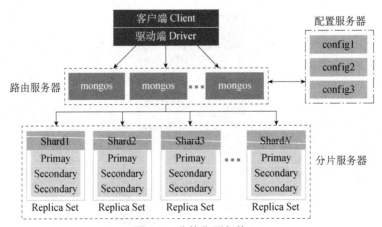

图 3.3 分片集群架构

4.副本集和分片混合部署（简称混合部署）

实际生产中，MongoDB 结合副本集和分片混合部署实现分布式集群架构，保证高可靠性和高可扩展性，如图 3.4 所示。

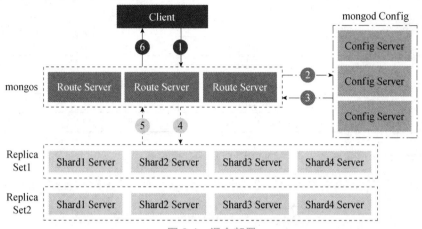

图 3.4　混合部署

MongoDB 集群部署中有三个节点，即数据存储节点（mongod）、配置文件存储节点（mongod config）、路由接入节点（mongos）。客户端直接与路由接入节点相连，路由接入节点从配置文件存储节点查询数据，根据查询结果去实际的数据存储节点上查询和存储数据。

3.3.2　部署环境准备

实际生产环境中，在单独服务器上安装 mongod 实例保持成员分离；在虚拟机上部署时，在单独主机服务器上安装 mongod 实例；在学习环境下，在一台计算机上用 Docker-Compose 来实现伪分布式分片集群，便于快速入门。

1.环境准备

首先在 Windows 系统上安装 Docker 软件，本机使用 Win10 系统，docker version 20.10.11，docker-compose version 1.29.2，WSL2。安装完成后，Docker 会自动启动，通知栏上会出现小鲸鱼图标。启动 Dcoker 的过程中有可能提示需要安装 WSL2，按步骤安装即可。

2.配置准备

（1）启动 Windows PowerShell，从官方镜像拉取 MongoDB。

3.3.2　部署环境准备　3.3.2　部署环境准备

```
>docker pull mongo:4.0.5           //拉取镜像
>docker images                     //查看镜像
REPOSITORY    TAG       IMAGE ID       CREATED        SIZE
mongo         4.0.5     4a3b93a299a7   2 years ago    394MB
```

（2）集群部署信息详情如表 3.8 所示，部署完毕后可以用"docker inspect<容器名>"

查看详细信息，如 IP 地址。

表 3.8 集群部署信息详情

成员类型	容器名称	端口号	IP 地址
Config Server	mongo_config1	27019	172.18.0.2
	mongo_config2		172.18.0.4
	mongo_config3		172.18.0.6
Shard Server	mongo_shard1	27018	172.18.0.3
	mongo_shard2		172.18.0.7
	mongo_shard3		172.18.0.5
Route Server	mongo_mongos	27017	172.18.0.8

（3）根据所需部署配置，编写 yaml 文件，命名为 docker-compose.yml。

```
version: '2'
services:
  shard1:
    image: mongo:4.0.5
    container_name: mongo_shard1
    # --shardsvr: 这个参数仅仅只是将默认的 27017 端口改成 27018,若是指定--port 参数,
可以不需要这个参数
    # --directoryperdb: 每一个数据库使用单独的文件夹
    command: mongod --shardsvr --directoryperdb --replSet shard1
    volumes:
      - /etc/localtime:/etc/localtime
      - /data/base/fates/mongo/shard1:/data/db
    privileged: true
    mem_limit: 16000000000
    networks:
      - mongo

  shard2:
    image: mongo:4.0.5
    container_name: mongo_shard2
    command: mongod --shardsvr --directoryperdb --replSet shard2
    volumes:
      - /etc/localtime:/etc/localtime
      - /data/base/fates/mongo/shard2:/data/db
    privileged: true
    mem_limit: 16000000000
    networks:
      - mongo

  shard3:
    image: mongo:4.0.5
```

```yaml
      container_name: mongo_shard3
      command: mongod --shardsvr --directoryperdb --replSet shard3
      volumes:
        - /etc/localtime:/etc/localtime
        - /data/base/fates/mongo/shard3:/data/db
      privileged: true
      mem_limit: 16000000000
      networks:
        - mongo

  config1:
      image: mongo:4.0.5
      container_name: mongo_config1
      # --configsvr: 这个参数仅仅是将默认端口由 27017 改成 27019, 若是指定-port, 可不添加该参数
      command: mongod --configsvr --directoryperdb --replSet fates-mongo-config --smallfiles
      volumes:
        - /etc/localtime:/etc/localtime
        - /data/base/fates/mongo/config1:/data/configdb
      networks:
        - mongo

  config2:
      image: mongo:4.0.5
      container_name: mongo_config2
      command: mongod --configsvr --directoryperdb --replSet fates-mongo-config --smallfiles
      volumes:
        - /etc/localtime:/etc/localtime
        - /data/base/fates/mongo/config2:/data/configdb
      networks:
        - mongo

  config3:
      image: mongo:4.0.5
      container_name: mongo_config3
      command: mongod --configsvr --directoryperdb --replSet fates-mongo-config --smallfiles
      volumes:
        - /etc/localtime:/etc/localtime
        - /data/base/fates/mongo/config3:/data/configdb
      networks:
```

```
      - mongo
  mongos:
    image: mongo:4.0.5
    container_name: mongo_mongos
    # mongo3.6 版默认绑定 IP 为 127.0.0.1，此处绑定 0.0.0.0 表示容许其余容器或主机能够访问
    command: mongos --configdb fates-mongo-config/config1:27019,config2:27019,config3:27019 --bind_ip 0.0.0.0 --port 27017
    ports:
      - 27017:27017
    volumes:
      - /etc/localtime:/etc/localtime
    depends_on:
      - config1
      - config2
      - config3
    networks:
      - mongo
networks:
  mongo:
    external: false
```

3.3.3 使用 Docker 搭建

本节将介绍使用 Docker-Compose 快速搭建单机版 MongoDB 分片集群的过程。

3.3.3 使用 Docker 搭建

3.3.3 使用 Docker 搭建

1. 搭建分片集群

（1）切换到存放 docker-compose.yml 文件的文件夹并执行。

```
PS D:\> cd mongodb
PS D:\mongodb> docker-compose -f docker-compose.yml up -d
Creating network "mongodb_mongo" with the default driver
Creating mongo_config1 ... done
Creating mongo_shard1 ... done
Creating mongo_shard2 ... done
Creating mongo_shard3 ... done
Creating mongo_config2 ... done
Creating mongo_config3 ... done
Creating mongo_mongos ... done
```

在 Docker Containers 界面中可以看到已经启动了 mongodb 分片容器组，此时各容器角色尚未分配，如图 3.5 所示。

图 3.5　mongodb 分片容器组

（2）配置 config 副本集角色，将 config1 作为主节点。

```
PS D:\mongodb> docker-compose -f docker-compose.yml exec config1 bash
root@26e8a553a328:/# mongo --port 27019
> rs.initiate({_id: "fates-mongo-config",configsvr: true, members: [
{ _id : 0, host : "config1:27019" },
{ _id : 1, host : "config2:27019" },
{ _id : 2, host : "config3:27019" }]})
```

（3）配置 shard1、shard2、shard3 分片容器角色。

```
PS D:\mongodb> docker-compose -f docker-compose.yml exec shard1 bash
root@89c405ef0997:/# mongo --port 27018
> rs.initiate({_id: "shard1",members: [{ _id : 0, host : "shard1:27018" }]})
> exit

PS D:\mongodb> docker-compose -f docker-compose.yml exec shard2 bash
root@2078f5e96419:/# mongo --port 27018
> rs.initiate({_id: "shard2",members: [{ _id : 0, host : "shard2:27018" }]})
> exit

PS D:\mongodb> docker-compose -f docker-compose.yml exec shard3 bash
root@e26fef7b3ac4:/# mongo --port 27018
> rs.initiate({_id: "shard3",members: [{ _id : 0, host : "shard3:27018" }]})
> exit
```

（4）将 shard1、shard2、shard3 加入分片集群组。

```
PS D:\mongodb> docker-compose -f docker-compose.yml exec mongos bash
```

```
root@eb109a4e447b:/# mongo
mongos> sh.addShard("shard1/shard1:27018")
mongos> sh.addShard("shard2/shard2:27018")
mongos> sh.addShard("shard3/shard3:27018")
```

此时部署清单中 mongodb 分片集群已搭建完毕,默认将所有数据存放在主节点,必须手动配置分片。

2. 测试数据

(1)创建数据库"testdb",并对数据库开启分片。创建集合"testinfo",对集合开启分片,并设置负载均衡,分片数据信息中显示此时 shard2 为主分片。

```
mongos> use testdb
mongos> sh.enableSharding("testdb")                    //对数据库开启分片
mongos> sh.shardCollection('testdb.testinfo', {'id':1})    //对集合开启分片
mongos> db.adminCommand("flushRouterConfig")           //刷新路由
mongos> sh.enableBalancing("testdb.testinfo")          //让分片支持平衡
mongos> sh.startBalancer()                              //开启平衡
mongos> sh.status({"verbose":1})                        //查看分片详细信息
mongos> db.testinfo.getShardDistribution()              //查看分片数据信息
```

(2)在集合 testinfo 中插入数据并查看分片数据信息,此时数据已显示在主分片 shard2 上。

```
mongos> db.testinfo.insert({id:1.0, major: "Java"})     //插入数据
WriteResult({ "nInserted" : 1 })
mongos> db.testinfo.find()                              //查看集合数据
{ "_id" : ObjectId("61c978ef216876b52dbc4072"), "id" : 1, "major" : "Java" }
mongos> db.testinfo.getShardDistribution()              //查看分片数据信息
Shard shard2 at shard2/shard2:27018
 data : 50B docs : 1 chunks : 1
 estimated data per chunk : 50B
 estimated docs per chunk : 1

Totals
 data : 50B docs : 1 chunks : 1
 Shard shard2 contains 100% data, 100% docs in cluster, avg obj size on shard : 50B
```

(3)在集合 testinfo 中插入大量数据,查看分片数据信息。

```
mongos> use config
mongos> db.settings.insertOne({_id:"chunksize", value: 1})
mongos> use testdb
mongos>         for(i=0;i<50000;i++){db.testinfo.insert({id:i,   data: "aaaaaaaaaaaaaaaaaaaa"})}
WriteResult({ "nInserted" : 1 })                        //海量数据插入成功
```

```
mongos> db.testinfo.count()                              //查看集合总文档数
mongos> sh.status({"verbose":1})                         //查看分片详细信息
mongos> db.testinfo.getShardDistribution()               //查看分片数据信息
```

为了实现数据分片，建议将分块存储容量设置小一些，查看数据在多个分片上的存储效果，分片数据信息如图 3.6 所示。

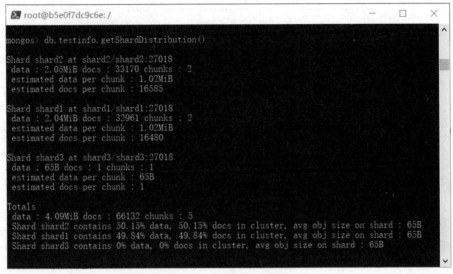

图 3.6　分片数据信息

任务实施

1. 安装 Docker for Windows、WSL2，在 Win10 中配置 Docker 开发环境。
2. 使用 Docker 拉取 MongoDB 镜像，编写 docker-compose.yaml 文件。
3. 使用 Docker-Compose 创建分片集群容器组，分配容器角色，并配置服务器副本集主节点、分片服务器主分片。
4. 创建数据库 testdb、集合 testinfo，开启分片，测试海量数据并查看分片数据信息。

任务评价

填写任务评价表，如表 3.9 所示。

表 3.9　集群部署任务评价表

任务步骤和方法	工作任务清单	完成情况
部署 Docker 环境	安装 Docker、WSL2	
	启动 Docker 查看容器、镜像界面	
	拉取 MongoDB 镜像，查看镜像状态	
	编写 docker-compose.yaml 文件	

续表

任务步骤和方法	工作任务清单	完成情况
搭建分片集群	初步搭建分片集群容器组	
	配置容器角色	
	配置服务器副本集主节点	
	设置分片服务器主分片	
测试分片数据	创建数据库、集合	
	开启分片并设置负载均衡	
	测试单个数据在分片上的存储	
	测试海量数据在分片上的存储	

任务拓展

1. 搭建一主一从一仲裁副本集。

2. 在课堂案例的基础上，实现 IDEA 开发工具对 MongoDB 数据库数据的增、删、改、查。

【思政小课堂】分布式系统与合作精神

MongoDB 的分布式特性已经得到了广泛应用，无论是处理海量数据、实现复杂关联查询还是应对高并发访问，MongoDB 都能提供高效、稳定且灵活的解决方案，以下是一些具体的国内应用案例。

1. 腾讯优码

腾讯优码是一个涵盖了正品通、门店通和会员通的综合性项目，其核心问题在于海量码数据的存储。考虑到码与码之间存在复杂的关联关系以及多维度查询的需求，腾讯优码选择了 MongoDB 作为存储方案。MongoDB 的分布式特性使得腾讯优码能够轻松应对指数级增长的二维码数据，同时提供高效的关联查询和多维度查询功能。

2. 电商物流应用

在电商领域，MongoDB 的分布式特性为物流应用提供了强大的支持。通过将骑手、商家的信息存储在 MongoDB 中，并利用其地理位置查询功能，物流应用能够方便地查找附近的商家和骑手，实现高效的订单配送。同时，MongoDB 的高可用性和容错性也确保了物流数据的可靠性和稳定性。

3. 在线游戏

MongoDB 将游戏用户信息、装备、积分等关键数据直接以内嵌文档的形式存储在数据库中，方便查询和更新。随着游戏用户数量的不断增加和游戏功能的扩展，MongoDB 的分布式架构和高扩展性使得游戏能够轻松应对数据增长和并发访问的挑战。

【社会责任】MongoDB 等新技术的发展，推动了数据库领域的创新，为国家信息化建设提供了有力支撑。作为未来的科技人才，我们深谙技术创新对于国家发展的重要性，应该积极关注国家和社会的发展需求，增强民族自豪感和使命感，将技术创新与社会责任相结合，为国家和人民做出更大的贡献。

【合作精神】以上案例告诉我们，团队合作、沟通协调在分布式系统建设中的重要性，在实践中应用合作精神，不仅可以提升个人的综合素质和发展水平，有助于在技术领域的成长，也对我们未来的职业发展和人生道路具有积极的影响。

归纳总结

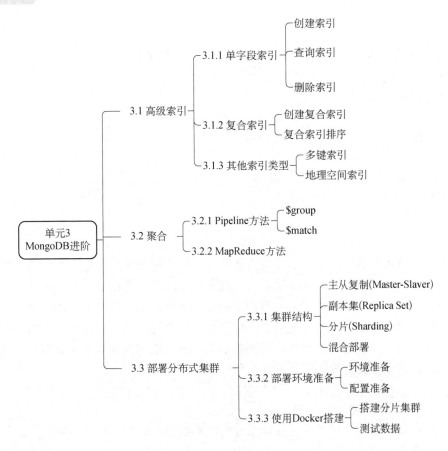

在线测试

单元 4　MongoDB 综合应用

单元 4　MongoDB 综合应用

学习目标

通过本单元的学习，要求利用 Java Web 技术搭建超市库存管理系统，掌握利用 MongoDB 数据库实现对库存产品信息的增、删、改、查等基本操作，培养将所学知识应用到实际场景的能力。

任务 4.1　超市库存管理系统设计

任务情境

【任务场景】

随着时代的不断进步，超市已经成为社会生活中不可缺少的一部分。目前，国内互联网技术已高度成熟，信息管理系统随着科学技术的发展具有了存储量大、速度快、功能完善等特点，信息化统一管理被更多的用户所接受。用户足不出户就可以体验到网购带来的便捷。然而国内市场的一些中小型超市在信息化过程中的步伐要远远落后于大中型超市，随着规模的扩大，其经营管理也变得越来越复杂，因此迫切地需要引入新的管理技术，所以超市库存管理系统具有很大的开发意义和价值。

【任务布置】

依次对该超市库存管理系统进行需求分析、系统设计分析、系统功能分析，从开发背景、目标、流程、数据库等方面进行总体的规划与设计，设计并实现一个功能较为完善的超市库存管理系统。最后对系统进行测试，证明本系统运行效果良好，系统操作简单，完成一个功能全面、性能实用以及提高用户工作效率的系统，帮助中小型企业实现管理的信息化以及提高超市的经营效率。

任务准备

4.1.1　系统功能设计

4.1.1　系统功能设计

4.1.1　系统功能设计

超市库存管理系统的设计主要是为超市仓库的管理者提供一个便利化的信息存储平

台。在这个平台上可以对多种对象进行存储操作，通过此平台实现信息的持久化存储以及高效的操作管理。

本单元利用 MongoDB 实现库存产品信息的管理和增删改查操作，基于 Java 开发技术、Windows 操作系统，使用控制台来完成，利用 Navicat Premium 12 工具来实现 MongoDB 数据库的连接和数据操作，保证系统的稳定性和发展性。

系统主要实现以下几种功能。

（1）增添库存产品信息：依次输入产品编号、库存品类名称、库存剩余件数和产品单价，根据需要向数据库中插入产品。

（2）根据索引删除库存产品：输入要删除的产品编号后，在数据库中查找，将该条数据显示出来，通过提示文字确认删除，从数据库中删除该产品。

（3）查询库存产品数据：通过查询命令，将数据库中的所有产品显示出来。

（4）使用索引优化查询：查询库存时，往往需要根据产品编号或者品类名称找到特定产品，输入要查询的产品编号，如果产品编号存在，则显示该产品。

功能明确后，我们需要对各个功能模块进行划分，然后实行统一管理。系统的组织结构如图 4.1 所示，分为程序入口、控制层、业务层、数据访问层和实体层。

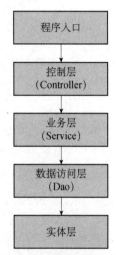

图 4.1　系统的组织结构

4.1.2　数据库设计　　4.1.2　数据库设计

4.1.2　数据库设计

本系统数据存储在 MongoDB 数据库中，创建名为"products"的产品集合，根据系统需求插入产品数据，产品包含四个属性，分别是产品编号（number）、库存品类名称（category）、库存剩余件数（quantity）和产品单价（price）。产品信息如下，可通过 insertMany()方法插入集合中。

```
{number:1001,
 category:"羽毛球",
 quantity:600,
 price:5.4, },

{ number:1002,
 category:"乒乓球",
 quantity:924,
 price:1.0},
{ number:1003,
 category:"笔记本",
 quantity:46,
 price:7.5},
{number:1004,
 category:"钢笔",
```

quantity:80,
price:18.0},
{number:1005,
category:"自动铅笔",
quantity:106,
price:4},
{number:1006,
category:"可口可乐",
quantity:68,
price:5.5},
{number:1007,
category:"薯片",
quantity:170,
price: 3},
{number:1009,
category:"啤酒",
quantity:60,
price:12},
{number:1010,
category:"手套",
quantity:42,
price:39},
{number:1011,
category:"围巾",
quantity:28,
price:40}

打开命令行或通过 Navicat 可视化工具查看 products 集合下的数据，如图 4.2 所示。

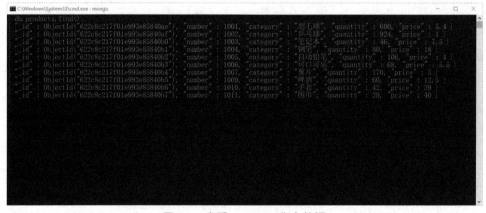

图 4.2　查看 products 集合数据

任务实施

1. 创建项目

在开发工具 Eclipse 中创建项目 ProductManager，依次创建 com.product.dao、com.product.

domain、com.product.service 和 com.product.web 包，依次作为数据访问层、实体层、业务层和程序入口，参照上文方法导入相关驱动。

2. 创建产品类

在 domain 包下创建产品类 Product，根据数据库表的字段创建其属性，定义 ObjectId 类型的变量 obj_id，int 类型的变量 number 和 quantity，String 类型的变量 category 和 double 类型的变量 price，并为每一种属性补充 get、set 方法，在默认构造方法之外，再补充含参数的构造方法。

```java
import org.bson.types.ObjectId;

public class Product {

    //属性
    private ObjectId obj_id;
    private int number;
    private String category;
    private int quantity;
    private double price;
    public Product() {
        super();
        // TODO Auto-generated constructor stub
    }
    public Product(ObjectId obj_id, int number, String category, int quantity, double price) {
        super();
        this.obj_id = obj_id;
        this.number = number;
        this.category = category;
        this.quantity = quantity;
        this.price = price;
    }
    public ObjectId getObj_id() {
        return obj_id;
    }
    public void setObj_id(ObjectId obj_id) {
        this.obj_id = obj_id;
    }
    public int getNumber() {
        return number;
    }
    public void setNumber(int number) {
        this.number = number;
    }
```

```java
    public String getCategory() {
        return category;
    }
    public void setCategory(String category) {
        this.category = category;
    }
    public int getQuantity() {
        return quantity;
    }
    public void setQuantity(int quantity) {
        this.quantity = quantity;
    }
    public double getPrice() {
        return price;
    }
    public void setPrice(double price) {
        this.price = price;
    }
    @Override
    public String toString() {
        return "Product [obj_id=" + obj_id + ", number=" + number + ", category=" + category + ", quantity=" + quantity + ", price=" + price + "]";
    }
}
```

3. 创建产品管理类

在 web 包下创建产品管理类 ProductWeb 类，该类作为主程序的入口类。在这个类中，我们需要搭建一个系统的控制台输入来进行产品的增、删、改、查操作。我们可以通过 while(true)循环，保证系统每次都能回到开始运行的地方，通过输出语句简单搭建超市库存管理系统的进入页面，并通过 switch 语句进行用户的需求操作模拟。

```java
public class ProductWeb {

    public static void main(String[] args) {

        Scanner sc = new Scanner(System.in);
        //为了让程序能够回到这里，使用循环
        while (true) {
            System.out.println("欢迎进入**超市库存管理系统，请按如下命令操作：A:添加产品  B:根据编号删除产品 "+ "C:根据库存产品编号查询产品 D:查询所有产品 E:退出系统");
            String inputChoice = sc.nextLine();

            switch (inputChoice) {
            case "A":
```

```
                //TODO
                break;
            case "B":
                //TODO
                break;
            case "C":
                //TODO;
                break;
            case "D":
                //TODO;
                break;
            case "E":
                System.out.println("谢谢光临");
                System.exit(0);
                break;
        }

    }
}
```

任务评价

填写任务评价表，如表 4.1 所示。

表 4.1　任务评价表

工作任务清单	完成情况
明确项目功能设计	
添加数据库	
创建 productManager 项目	
创建 Product 类	
创建 ProductWeb 类	

任务拓展

1. 画出超市库存管理系统层次图，理解每层的作用及调用逻辑。

2. 在数据库中添加更多数据，并设计不同类型、不同数量的属性信息，重新编写 Product 类。

3. 自行改进 ProdoctWeb 类的页面设计，思考 TODO 部分的写法。

任务 4.2　增删产品信息数据

任务情境

【任务场景】

近年来，随着经济社会的快速发展，大批零售超市涌现出来，例如沃尔玛超市、永辉超市、盒马鲜生等。营运这种大型零售超市时，库存管理系统与库存控制系统是企业必不可少的利器，从产品的采购到售后服务等都离不开库存管理系统。全国线下超市或便利店，不论规模总量可达 600 余万家，其中超过 80%的小型超市都缺乏一套完善的超市库存管理系统，导致管理者根本无法全面了解到各店铺的详细产品信息，从而造成较大的损失。在超市库存管理系统中，对数据最基本的操作即为添加产品和删除产品，所以本任务从此入手，搭建超市库存管理系统的基础部分。

【任务布置】

本任务主要包括：
1. 使用控制台添加产品信息。
2. 能够根据索引删除产品信息。

4.2.1　添加产品信息　　4.2.1　添加产品信息

任务准备

4.2.1　添加产品信息

定义添加产品信息的方法为 addProduct()，将 ProductWeb 类下对应位置的 TODO 修改为 addProduct()，然后直接创建 addProduct()方法。

```java
public static void addProduct() {
    Scanner sc = new Scanner(System.in);
    try {
        // 提示语句
        System.out.println("请输入库存产品编号");
        int number = Integer.parseInt(sc.nextLine());
        System.out.println("请输入库存品类名称");
        // 获取键盘输入的数据并存储在变量中
        String category = sc.nextLine();
        System.out.println("请输入库存剩余件数");
        int quantity = Integer.parseInt(sc.nextLine());
        System.out.println("请输入产品单价");
        int price = Integer.parseInt(sc.nextLine());

        //创建 Product 类的对象
```

```
            Product p = new Product();
            //封装数据在对象 p 中
            p.setNumber(number);
            p.setCategory(category);
            p.setPrice(price);
            p.setQuantity(quantity);

            //创建业务层
            ProductService productService = new ProductService();
            //调用方法向业务层传递
            productService.addProduct(p);
            System.out.println("产品添加到库存管理系统成功！");

        } catch (Exception e) {
            System.out.println("商品添加到库存管理系统失败，失败原因是：" + e);
        }
    }
}
```

在 service 包下创建 ProductService 类，编写 addProduct()方法。

```
public class ProductService {
//创建 DAO 层的对象
  ProductDao dao = new ProductDao();

public void addProduct(Product p) throws Exception {
    dao.addProduct(p);
}
```

将 Product 类的对象 p 传递到 DAO 层，在 dao 包下创建 ProductDao 类，编写 addProduct()方法。其中"employee"为数据库名，"products"为集合名。

```
public void addProduct(Product p) throws Exception {

    /*
     * 连接数据库
     * connection 代表 MongoDB 的连接对象
     * 127.0.0.1 代表本地 IP
     */
    Mongo connection = new Mongo("127.0.0.1:27017");
    //通过 connection 来连接数据库 "employee"
    DB db = connection.getDB("employee");
    //获取数据库中的集合连接 "products"
    DBCollection coll = db.getCollection("products");

    // 创建对象
    DBObject db1 = new BasicDBObject();
```

```
        // 添加数据
        db1.put("number", p.getNumber());
        db1.put("category", p.getCategory());
        db1.put("quantity", p.getQuantity());
        db1.put("price", p.getPrice());
        //使用集合连接将数据插入到数据库中
        coll.insert(db1);

    }
```

插入产品信息成功后，在 ProductWeb 类中运行，在控制台插入数据如图 4.3 所示，依次输入库存产品编号、库存品类名称、库存剩余件数和产品单价后，显示产品添加成功。使用 Navicat 可视化工具查看，发现该产品已成功插入，如图 4.4 所示。

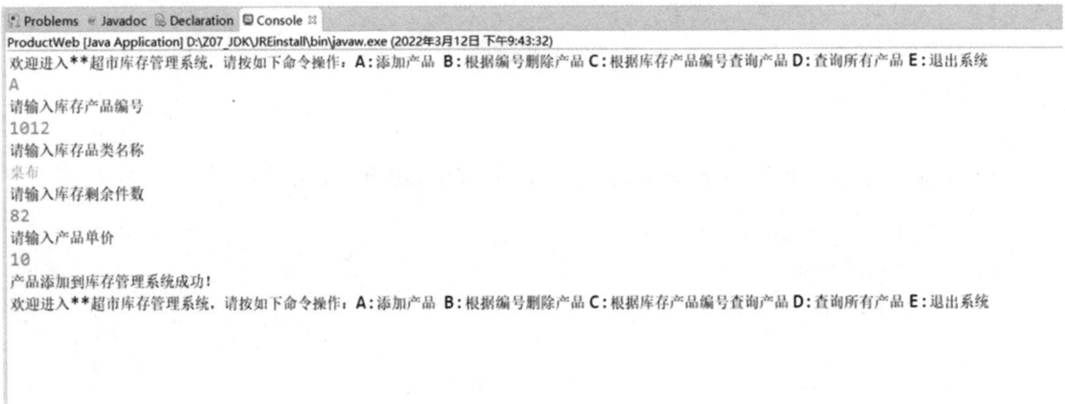

图 4.3 在控制台插入数据

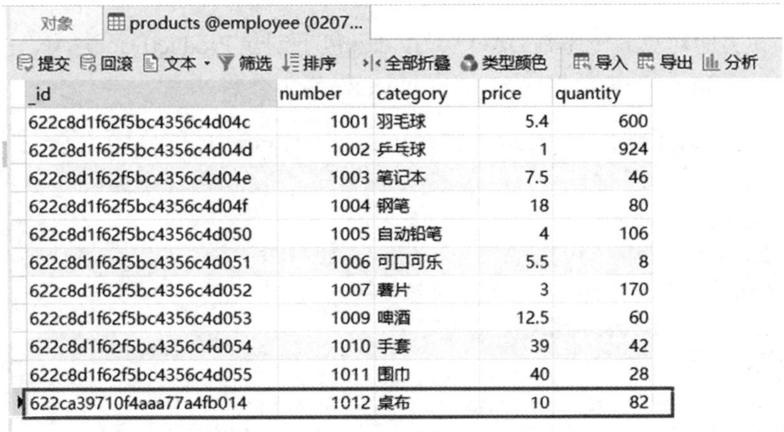

_id	number	category	price	quantity
622c8d1f62f5bc4356c4d04c	1001	羽毛球	5.4	600
622c8d1f62f5bc4356c4d04d	1002	乒乓球	1	924
622c8d1f62f5bc4356c4d04e	1003	笔记本	7.5	46
622c8d1f62f5bc4356c4d04f	1004	钢笔	18	80
622c8d1f62f5bc4356c4d050	1005	自动铅笔	4	106
622c8d1f62f5bc4356c4d051	1006	可口可乐	5.5	8
622c8d1f62f5bc4356c4d052	1007	薯片	3	170
622c8d1f62f5bc4356c4d053	1009	啤酒	12.5	60
622c8d1f62f5bc4356c4d054	1010	手套	39	42
622c8d1f62f5bc4356c4d055	1011	围巾	40	28
622ca39710f4aaa77a4fb014	1012	桌布	10	82

图 4.4 Navicat 数据显示插入成功

4.2.2 根据索引删除产品

4.2.2 根据索引删除产品

4.2.2 根据索引删除产品

在删除库存产品的时候，一般要根据库存管理人员的要求删除指定的产品，在本案例中就以产品编号作为索引，实现根据产品编号删除指定产品功能。在 ProductWeb 类下的对应位置编写方法 deleteProductsByNumber()。编号 number 是由管理人员通过键盘输入的，如果存在该产品编号，则删除本类产品，如果产品编号不存在，则提示产品不存在。

```java
public static void deleteProductsByNumber() {
    // 创建键盘录制对象
        Scanner sc = new Scanner(System.in);
    try {
        System.out.println("请输入要删除的产品编号");
        //获取
        int number = Integer.parseInt(sc.nextLine());
        //先到数据库中查询产品是否存在
        ProductService productService = new ProductService();
        //查询
        DBCursor cur = productService.findProductsByNumber(number);
        //判断
        if(cur.size()==0) {
            System.out.println("该产品编号无法找到产品，请重新尝试");
            return;
        }
        System.out.println("库存产品编号\t库存品类名称\t库存剩余件数\t产品单价");
        while(cur.hasNext()) {
            //取出产品
            DBObject product = cur.next();

   System.out.println(product.get("number")+"\t\t"+product.get("category")+
"\t\t"+product.get("quantity")+
                   "\t\t"+product.get("price"));
        }
        //提示是否确定删除
        System.out.println("确定删除吗？按 y 删除");
        String yes = sc.nextLine();
        if("y".equals(yes)) {
            //说明确定删除
            productService.deleteProductsByNumber(number);
            System.out.println("删除库存产品成功");
        }else {
            //说明取消删除
            System.out.println("取消删除");
        }
    } catch (Exception e) {
        System.out.println("根据产品编号查询商品失败"+e);
    }
}
```

在 ProductService 类中，编写 deleteProductsByNumber()方法，本方法需要一个 int 类型

的编号参数，在方法中，之所以不需要声明 DAO 类型对象，可以直接通过 dao 变量调用 deleteProductsByNumber()方法，是因为在添加产品模块时我们已经定义了相应的 dao 对象。

```
public void deleteProductsByNumber() throws Exception {
    dao.deleteProductsByNumber(number);

}
```

在 ProductDao 类下编写 deleteProductsByNumber ()方法。

```
public void deleteProductsByNumber(int number) throws Exception {
    /*
     * 连接数据库
     * connection 代表 MongoDB 的连接对象
     * 127.0.0.1 代表本地 IP
     */
    Mongo connection = new Mongo("127.0.0.1:27017");
    //通过 connection 来连接数据库 "employee"
    DB db = connection.getDB("employee");
    //获取数据库中的集合连接 "products"
    DBCollection coll = db.getCollection("products");

    //创建对象
    BasicDBObject dbs = new BasicDBObject();
    //添加数据
    dbs.put("number",number);
    //使用集合连接对象 coll 调用方法进行删除
    coll.remove(dbs);
}
```

运行 ProductWeb 类，在控制台删除数据如图 4.5 所示，输入要删除的产品编号，例如 "1006"，系统将自动显示产品编号为 1006 的产品的详细信息，包括该库存产品编号、库存品类名称、库存剩余件数和产品单价，并提示是否确认删除。如果继续输入 "y"，则返回数据库，删除该产品，否则取消删除。使用 Navicat 可视化工具查看，发现 1006 号产品已成功删除，如图 4.6 所示。

```
Problems  Javadoc  Declaration  Console
ProductWeb [Java Application] D:\Z07_JDK\JREinstall\bin\javaw.exe (2022年3月12日 下午9:56:05)
欢迎进入**超市库存管理系统,请按如下命令操作: A:添加产品 B:根据编号删除产品 C:根据库存产品编号查询产品 D:查询所有产品 E:退出系统
B
请输入要删除的产品编号
1006
库存产品编号     库存品类名称        库存剩余件数        产品单价
1006.0         可口可乐           8.0              5.5
确定删除吗? 按y删除
y
删除商品成功
欢迎进入**超市库存管理系统,请按如下命令操作: A:添加产品 B:根据编号删除产品 C:根据库存产品编号查询产品 D:查询所有产品 E:退出系统
```

图 4.5　在控制台删除数据

_id	number	category	quantity	price
622c8d1f62f5bc4356c4d04c	1001	羽毛球	600	5.4
622c8d1f62f5bc4356c4d04d	1002	乒乓球	924	1
622c8d1f62f5bc4356c4d04e	1003	笔记本	46	7.5
622c8d1f62f5bc4356c4d04f	1004	钢笔	80	18
622c8d1f62f5bc4356c4d050	1005	自动铅笔	106	4
622c8d1f62f5bc4356c4d052	1007	薯片	170	3
622c8d1f62f5bc4356c4d053	1009	啤酒	60	12.5
622c8d1f62f5bc4356c4d054	1010	手套	42	39
622c8d1f62f5bc4356c4d055	1011	围巾	28	40
622ca39710f4aaa77a4fb014	1012	桌布	82	10

图 4.6　Navicat 数据显示删除成功

任务实施

1. 使用控制台添加库存产品信息，依次编写 Web 层、Service 层和 DAO 层，在数据库中插入一种产品，并通过可视化工具查看。

2. 实现根据索引删除产品信息功能，对系统内的任一产品均可准确定位并删除。

任务评价

填写任务评价表，如表 4.2 所示。

表 4.2　产品操作任务评价表

工作任务清单	完成情况
数据库连接测试	
添加产品信息	
根据 number 删除产品信息	

任务拓展

1. 完成删除全部产品的逻辑流程和代码编写。
2. 完成根据库存产品品类"category"字段删除产品的逻辑流程和代码编写。
3. 增添库存产品的详细信息，为其添加如"供货商信息""入库时间""出库时间"等信息。

任务 4.3　查询产品信息数据

任务情境

【任务场景】

对每个超市库存管理系统来说，查询操作都是必不可少也是至关重要的，它方便商家及时了解并维护产品信息，便于产品管理，快速掌握整个产品的生命周期。

利用查询操作能够结构化地管理整个平台的产品库，能迅速整理无论几百万还是几千万个产品信息，降低人工成本，提高效率。同时，可以让库存管理者得到尽可能多的决策信息（例如，品牌、名称、规格参数、剩余数量和单位价格等），提高对产品的满意度。

【任务布置】

1. 实现所有库存产品信息的查询，宏观把握库存产品品类和数量。
2. 实现根据产品编号查询特定产品信息。

任务准备

4.3.1　查询产品数据

4.3.1　查询产品数据　　4.3.1　查询产品数据

在 Web 层编写代码，创建 findAllProducts()方法。首先创建业务层对象，然后调用 ProductService 类的 findAllProducts()方法获取游标，通过游标是否为空来决定数据库中是否还有数据，有的话就依次输入每一行数据。

```java
public static void findAllProducts() {
    // 创建业务层对象
    ProductService productService = new ProductService();
    try {
        // 调用方法获取所有库存产品信息
        DBCursor cur = productService.findAllProducts();
        // 根据 cur 判断数据库中是否还有数据
        if (cur.size() == 0) {
            // 说明数据库中没有数据了
            System.out.println("数据库中没有您要查询的数据");
        } else {
            // 说明有数据 获取 cur 游标中的数据
            System.out.println("库存产品编号\t库存品类名称\t库存剩余件数\t产品单价");
            while (cur.hasNext()) {
                // 获取每一行数据
                DBObject product = cur.next();
```

```
            System.out.println(product.get("number")+"\t\t"+product.get("category")+
"\t\t"+product.get("quantity")+"\t\t"+product.get("price"));
            }
        }
    } catch (Exception e) {
        System.out.println("查询库存内所有产品信息失败,失败的原因是:" + e);
    }
```

编写 Service 层,实现 findAllProducts()方法。

```
public DBCursor findAllProducts() throws Exception {
    return dao.findAllProducts();
}
```

编写 Dao 层,调用 Mongo 类的 getDB()方法得到数据库,再调用集合数据库的方法 getCollection()得到集合,最后调用集合的 find()方法获取数据之后,存在 DBCursor 类对象里。

```
        public DBCursor findAllProducts() throws Exception {
        /*
         * 连接数据库
         * connection 代表 MongoDB 的连接对象
         * 127.0.0.1 代表本地 IP
         */
        Mongo connection = new Mongo("127.0.0.1:27017");
        //通过 connection 来连接数据库"employee"
        DB db = connection.getDB("employee");
        //获取数据库中的集合连接"products"
        DBCollection coll = db.getCollection("products");

        DBCursor cur = coll.find();
        return cur;
}
```

运行 ProductWeb 类,在控制台插入所有库存产品的数据如图 4.7 所示,用户输入"D",系统连接数据库,打印出集合中的所有产品,这里可以观察到,打印出的所有库存产品不包含库存产品编号为"1006"的产品,因为上节删除了该条数据。用 Navicat 工具查看插入的数据,如图 4.8 所示。

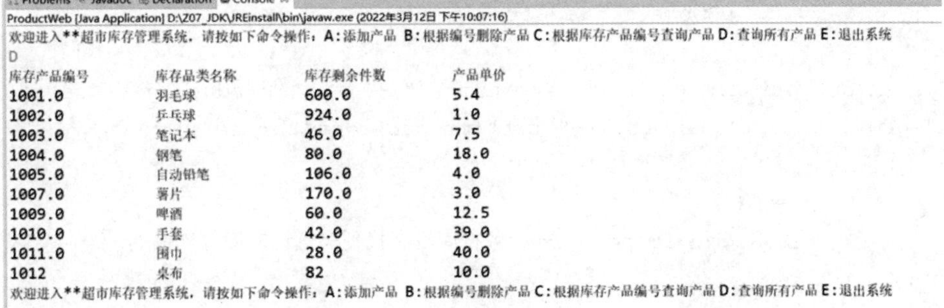

图 4.7 在控制台插入所有库存产品的数据

_id	number	category	quantity	price
622c8d1f62f5bc4356c4d04c	1001	羽毛球	600	5.4
622c8d1f62f5bc4356c4d04d	1002	乒乓球	924	1
622c8d1f62f5bc4356c4d04e	1003	笔记本	46	7.5
622c8d1f62f5bc4356c4d04f	1004	钢笔	80	18
622c8d1f62f5bc4356c4d050	1005	自动铅笔	106	4
622c8d1f62f5bc4356c4d052	1007	薯片	170	3
622c8d1f62f5bc4356c4d053	1009	啤酒	60	12.5
622c8d1f62f5bc4356c4d054	1010	手套	42	39
622c8d1f62f5bc4356c4d055	1011	围巾	28	40
622ca39710f4aaa77a4fb014	1012	桌布	82	10

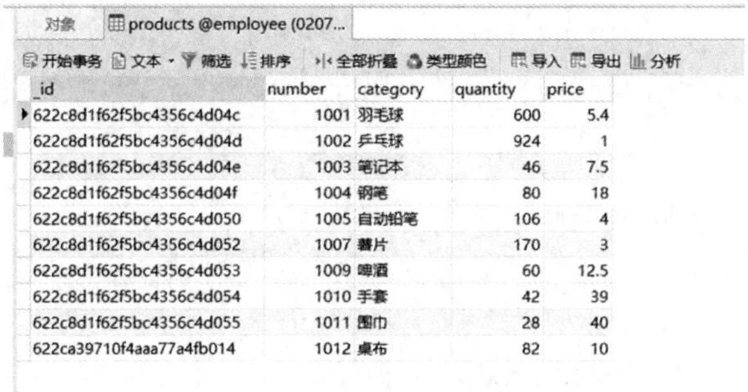

图 4.8　用 Navicat 工具查看插入的数据

4.3.2　使用索引优化查询

4.3.2　使用索引优化查询　4.3.2　使用索引优化查询

在 ProductWeb 类的相应位置，实现 findProductsByNumber()方法。所有想要查询的产品的编号 number 是用户通过键盘输入的。

```
    public static void findProductsByNumber() {
        // 创建键盘录制对象
        Scanner sc = new Scanner(System.in);

        try {
            System.out.println("请输入要查询的产品编号");

            int number = Integer.parseInt(sc.nextLine());

            // 创建业务层对象
            ProductService productService = new ProductService();

            DBCursor cur = productService.findProductsByNumber(number);
            // 判断录入的 number 对应的产品是否存在
            if (cur.size() != 0) {
            System.out.println("库存产品编号\t 库存品类名称\t 库存剩余件数\t 产品单价");
                while (cur.hasNext()) {
                    DBObject product = cur.next();

    System.out.println(product.get("number")+"\t\t"+product.get("category")+
"\t\t"+product.get("quantity")+"\t\t"+product.get("price"));
        }
            } else {
                System.out.println("数据库没有找到要查询的库存产品");
            }
        } catch (Exception e) {
            System.out.println("根据产品编号查询产品失败，失败的原因是：" + e);
```

		}
	}

编写 Service 层，实现 findProductsByNumber()方法。

```java
public DBCursor findProductsByNumber(int number) throws Exception {
    return dao.findProductsByNumber(number);
}
```

编写 Dao 层，实现 findProductsByNumber()方法。该方法中，我们首先获取数据库和集合的连接，然后再创建 DBObject 类的对象，DBObject 类属于 BasicDBObject 类的父接口，BasicDBObject 类的底层是 HashMap 形式，例如：{"number":number}。然后将 number 添加到 basicDBObject 中，将 basicDBObject 作为参数到数据库中查询产品，最终方法返回 DBCursor 类。

```java
public DBCursor findProductsByNumber(int number) throws Exception {

    /*
     * 连接数据库
     * connection 代表 MongoDB 的连接对象
     * 127.0.0.1 代表本地 IP
     */
    Mongo connection = new Mongo("127.0.0.1:27017");
    //通过 connection 来连接数据库"employee"
    DB db = connection.getDB("employee");
    //获取数据库中的集合连接"products"
    DBCollection coll = db.getCollection("products");

    // 创建对象 DBObject 属于 BasicDBObject 类的父接口
    BasicDBObject basicDBObject = new BasicDBObject();

    // 将 number 添加到 basicDBObject 中
    basicDBObject.put("number", number);

    // 将 basicDBObject 作为参数到数据库中查询产品
    DBCursor cur = coll.find(basicDBObject);
    return cur;
}
```

运行 ProductWeb 类，在控制台根据产品编号查询数据如图 4.9 所示，用户输入要查询的产品编号"1002"，系统进入数据库打印出 1002 号产品的详细信息。

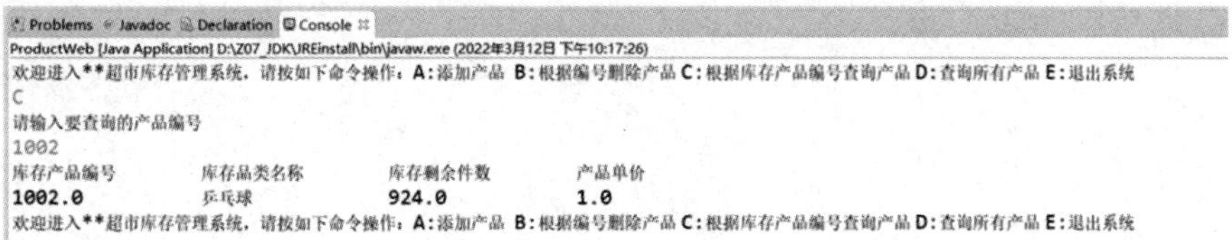

图 4.9　在控制台根据产品编号查询数据

任务实施

1. 完成 Web 层、Service 层和 Dao 层的编写，创建 findAllProducts()方法，实现对所有产品信息的查询操作。
2. 完成 findProductsByNumber()方法，使用索引优化查询，完善超市库存管理系统。

任务评价

填写任务评价表，如表 4.3 所示。

表 4.3　产品操作任务评价表

工作任务清单	Web 层完成情况	Service 层完成情况	Dao 层完成情况
查询所有产品			
使用索引优化查询			

任务拓展

1. 自行完成整个超市库存管理系统的设计和搭建操作。
2. 完善系统功能，查询时通过聚合管道方法实现产品总价的输出。
3. 开发例如资产管理系统、商品管理系统等其他管理系统。

归纳总结

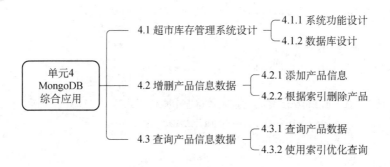

单元 5　Redis 入门

单元 5　Redis 入门

学习目标

通过本单元的学习，要求学会搭建 Redis 开发环境，掌握常见 Redis 数据类型包括字符串、列表、集合、哈希、有序集合等知识。

培养安装与配置 Redis、使用 Redis 的 5 种数据类型、使用 RedisTemplate 操作 Redis 数据、使用 StringRedisTemplate 操作 Redis 数据等技能。

培养诚实守信、坚韧不拔的性格，培养与人沟通的能力、良好的团队合作精神、自主与开放的学习能力。

任务 5.1　搭建 Redis 开发环境

任务情境

【任务场景】

前面我们学习了 Redis 简介与 Redis 基本原理，那么如何使用 Redis？如何在 Spring Boot 项目中使用 Redis？在使用 Redis 之前，首先要搭建 Redis 开放环境。本任务重点讲解在 Windows 与 Linux 系统中搭建 Redis 开发环境、Redis 命令行客户端、Redis 可视化客户端。

【任务布置】

1. 在 Windows 环境中安装 Redis。
2. 在 Linux 环境中安装 Redis。
3. Redis 客户端命令的使用。

任务准备

5.1.1　在 Windows 环境中安装 Redis

5.1.1　在 Windows 环境中安装 Redis

5.1.1　在 Windows 环境中安装 Redis

Redis 官方不支持 Windows，因为 Redis 是单线程高性能的，所以 Redis 需要单线程轮询，不同操作系统的轮询机制是不太一样的，Linux 系统轮询使用 epoll（eventpoll，是 Linux 内核实现 IO 多路复用——IO multiplexing 的一个实现），Windows 轮询使用 selector（实现

127

了通过一个线程管理多个 Channel），但是性能上来说 epoll 是高于 selector 的，所以 Redis 推荐使用 Linux 版本。

要安装 Redis，首先要获取安装包。Windows 的 Redis 安装包需要到 GitHub 中找到。打开网站后，找到"Release"，单击前往下载页面，如图 5.1 所示。

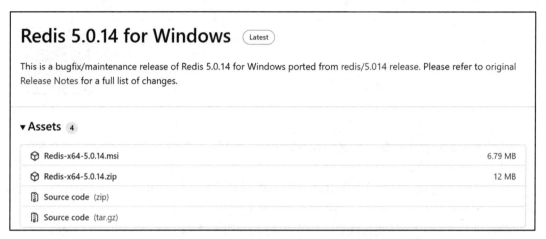

图 5.1　Redis 下载页面

其中，"Redis-x64-5.0.14.msi"是安装版本，"Redis-x64-5.0.14.zip"是免安装版本。"Redis-x64- 5.0.14.msi"安装具体步骤为：

（1）双击"Redis-x64-5.0.14.msi"，进入"Redis on Windows Setup"页面，如图 5.2 所示。

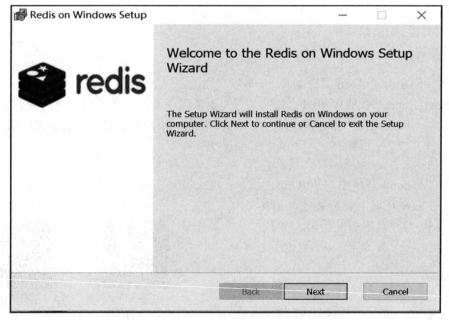

图 5.2　"Redis on Windows Setup"页面

（2）单击"Next"按钮，进入"End-User License Agreement"页面，如图 5.3 所示。

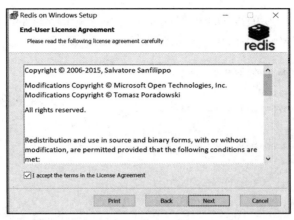

图 5.3 "End-User License Agreement" 页面

选中"I accept the terms in the License Agreement"选项,单击"Next"按钮,进入"Destination Folder"页面,如图 5.4 所示。

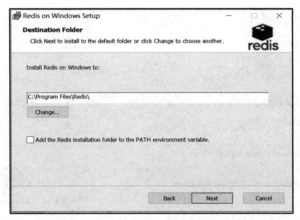

图 5.4 "Destination Folder" 页面

(3) 选择安装路径,单击"Next"按钮,进入"Port Number and Firewall Exception"页面,如图 5.5 所示。

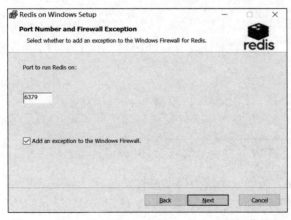

图 5.5 "Port Number and Firewall Exception" 页面

（4）Redis 默认端口号 6379，选中"Add an exception to the Windows Firewall"选项，单击"Next"按钮，进入"Memory Limit"页面，如图 5.6 所示。

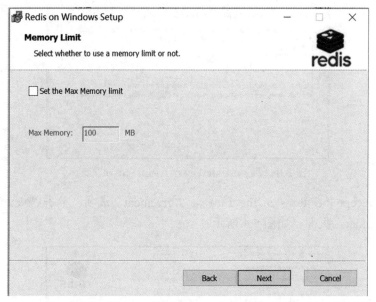

图 5.6 "Memory Limit"页面

（5）选择默认的 Max Memory，单击"Next"按钮，进入"Ready to install Redis on Windows"页面，如图 5.7 所示。

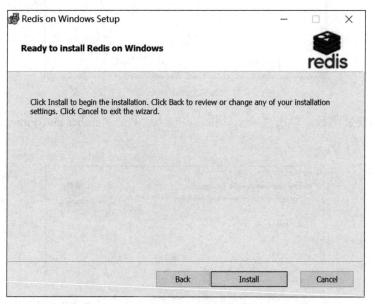

图 5.7 "Ready to install Redis on Windows"页面

（6）单击"Install"按钮，系统会自动进行安装。

安装结束后，打开安装的文件夹，如图 5.8 所示。

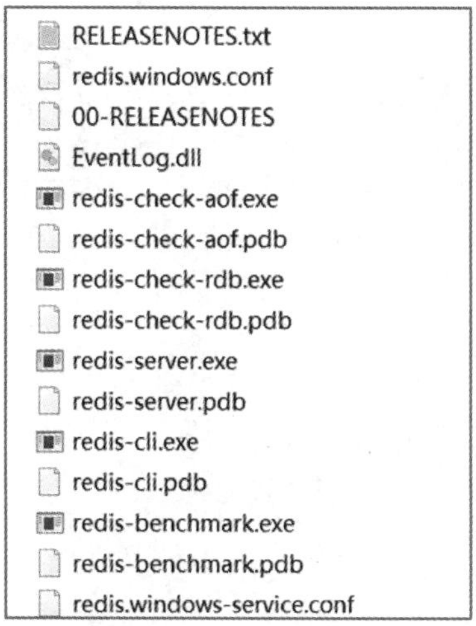

单元 5　Redis 入门

图 5.8　Redis 文件下的文件

（7）启动与运行。

在 Windows 环境下启动 Redis 非常简单，首先进入安装路径，可以双击 "redis-server.exe" 文件，就可以启动 Redis，也可以使用命令启动 Redis，具体步骤为：

① 进入安装目录。

```
C:\>cd redis
```

② 直接运行命令 "redis-server.exe redis.windows.conf"。

运行结果如图 5.9 所示。

图 5.9　Redis Server 运行

【课堂训练 5-1】

在 Windows 环境下，下载并安装 Redis，并且启动运行 Redis。

5.1.2 在 Linux 环境中安装 Redis

本书中 Linux 版本为 centos 7，虚拟机版本为 VMware® Workstation 15 Pro，在 Linux 环境中安装的具体步骤如下。

5.1.2 在 Linux 环境中安装 Redis　　5.1.2 在 Linux 环境中安装 Redis

1. 安装前的准备步骤

切换至项目的根目录，建立 local 文件夹，具体代码如下：

```
cd /
mkdir local
cd /local
```

2. 安装 gcc 依赖

由于 Redis 是用 C 语言开发的，安装之前必先确认是否安装 gcc 环境（gcc -v），如果没有安装，则执行以下命令进行安装，具体命令如下：

```
【root@localhost local】# yum install -y gcc
```

gcc 安装过程与结果如图 5.10 所示。

图 5.10　gcc 安装过程与结果

3. 下载并解压安装包

使用 wget 命令下载 Redis，代码如下：

【root@localhost local】# wget http://download.redis.io/releases/redis-5.0.3.tar.gz

使用 wget 命令下载 Redis 过程如图 5.11 所示。

图 5.11　使用 wget 命令下载 Redis 过程

解压安装包，代码如下：

【root@localhost local】# tar -zxvf redis-5.0.3.tar.gz

解压压缩包过程如图 5.12 所示。

图 5.12　解压压缩包过程

4. 使用 cd 命令切换到 Redis 解压目录下，执行编译

切换目录与编码代码如下：

【root@localhost local】# cd redis-5.0.3
【root@localhost redis-5.0.3】# make

具体编译过程如图 5.13 所示。

图 5.13 编译过程

注意：这里一定要等编译成功，编译很耗时，需要耐心等待。编译产生的文件如图 5.14 所示。

图 5.14 编译产生的文件

看到如图 5.14 中出现的文件，说明编译成功了。

5. 安装并指定安装目录

使用 make install 命令安装到指定目录，具体代码如下：

【root@localhost redis-5.0.3】# make install PREFIX=/usr/local/redis

Redis 安装过程如图 5.15 所示。

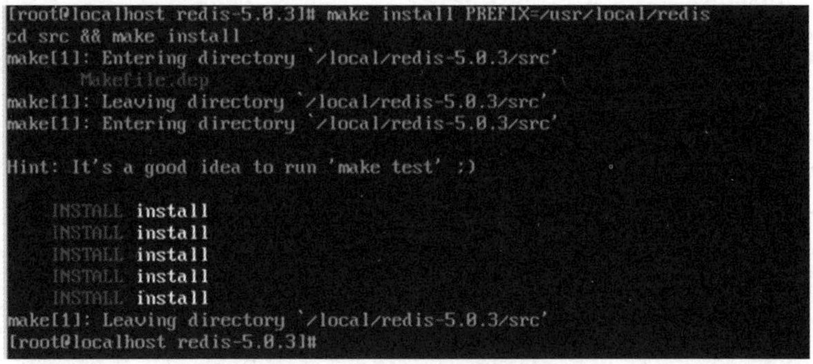

图 5.15 Redis 安装过程

6. 启动服务

安装完成后，可以直接启动 Redis，Redis 启动服务命令如下：

【root@localhost redis-5.0.3】# cd /usr/local/redis/bin/
【root@localhost bin】# ./redis-server

Redis 启动服务如图 5.16 所示。

图 5.16 Redis 启动服务

看到 Reids 启动服务就说明 Redis 安装成功了。

【课堂训练 5-2】

在 Linux 环境下，安装 gcc，下载并解压安装包、编译，然后安装到指定目录，启动 Redis 服务。

任务实施

本任务主要学习 Redis 客户端命令与可视化客户端的使用，要在 Redis 服务上执行命令需要一个 Redis 客户端，Redis 客户端在我们之前下载的 Redis 的安装包中。

1. 启动 Redis 客户端

启动 Redis 服务器，打开终端并输入命令"redis-cli"，如图 5.17 所示，该命令会连接本地的 Redis 服务。

```
C:\redis>redis-cli
127.0.0.1:6379> ping
PONG
```

图 5.17 连接本地的 Redis 服务

执行上述命令表示启动了 Redis 客户端，同时检测了 Redis 服务器已经启动。如果要启动远程 Redis 服务，则可以使用下列命令：

```
$ redis-cli -h host -p port -a password
```

其中，"host"为主机 IP 地址，"port"为端口号，"password"为登录密码。

下面看一个示例，如图 5.18 所示。

```
C:\redis>redis-cli -h 127.0.0.1 -p 6379
127.0.0.1:6379>
```

图 5.18 启动远程 Redis 服务

2. 停止 Redis 服务

想要停止 Reids 服务时，不能强行关闭，因为有可能 Redis 正在同步数据到硬盘中，所以，正确停止 Redis 服务的方式是向 Redis 发送 shutdown 命令：

```
$ redis-cli shutdown
```

当 Redis 收到 shutdown 命令后，会断开所有客户端连接，然后根据配置执行持久化操作，最后完成退出。

3. Redis 键命令的使用

Redis 键命令用于管理 Redis 的键。

1）设置一个键

使用 set 命令设置键，命令格式为：

```
set key key_value
```

下面看一个示例，如图 5.19 所示。

```
127.0.0.1:6379> set bookkey "NoSQL"
OK
```

图 5.19 使用 set 命令设置键

执行 set 命令后，创建了一个键：bookkey，值为"NoSQL"。

2）检查键是否存在

使用 exists 命令检查键是否存在，命令格式为：

```
exists key
```

下面看一个示例，如图 5.20 所示。

```
127.0.0.1:6379> exists bookkey
(integer) 1
```

图 5.20　使用 exists 命令检查键是否存在

执行 exists 命令后，返回整数 1，说明 bookkey 键存在。

3）查找所有符合给定模式的 key

使用 keys 命令查询所有符合模式的 key，命令格式为：

```
keys pattern
```

下面看一个示例，如图 5.21 所示。

```
127.0.0.1:6379> keys book*
1) "book-name"
2) "book"
3) "bookkey"
```

图 5.21　查找所有符合给定模式的 key

执行 keys 命令后，返回所有以 book 开头的键。

4）设置 key 的过期时间

使用 expire 命令设置 key 的过期时间，以秒计，命令格式为：

```
expire key seconds
```

下面看一个示例，如图 5.22 所示。

```
127.0.0.1:6379> expire bookkey 3
(integer) 1
```

图 5.22　设置 key 的过期时间

执行该命令后，设置 bookkey 键的过期时间为 3 秒。

5）返回 key 存储的值的类型

通过 type 命令显示 key 存储值的类型，命令格式为：

```
type key
```

下面看一个示例，如图 5.23 所示。

```
127.0.0.1:6379> type bookkey
string
```

图 5.23　返回 key 存储的值的类型

执行该命令后，返回 bookkey 储存值的对应的类型为 string。

6）删除键

使用 del 命令可以删除指定的键，命令格式为：

```
del key
```

下面看一个示例，如图 5.24 所示。

图 5.24　删除键

该命令执行后，删除了 bookkey。

4. Redis 可视化客户端使用

1）RedisClient

RedisClient 是用 Java 编写的 Redis 连接客户端，功能丰富，并且是免费的。下载安装后配置连接 Redis 信息，如图 5.25 所示。

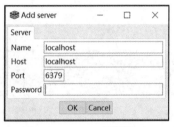

图 5.25　Redis 配置信息

配置好 Redis 连接信息后，双击打开"localhost"，可以看到 Redis 中的键与值，如图 5.26 所示。

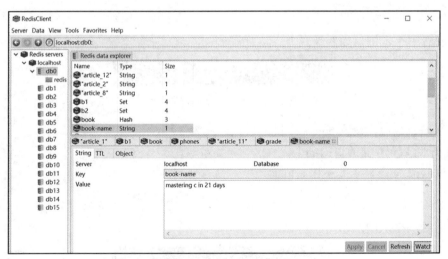

图 5.26　Redis 中的键与值

2）Redis Desktop Manager

Redis Desktop Manager 是一款基于 Qt5 的跨平台 Redis 桌面管理软件。下载安装后的连接配置信息如图 5.27 所示。

单元 5　Redis 入门

图 5.27　Redis Desktop Manager 连接配置信息

双击"localhost"打开 Redis 连接信息，可以看到 Redis 中的所有键，双击键，可以在右边看到键对应的值，如图 5.28 所示。

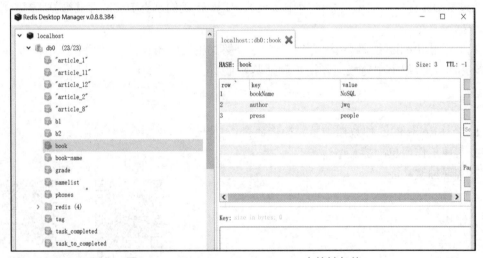

图 5.28　Redis Desktop Manager 中的键与值

任务评价

填写任务评价表，如表 5.1 所示。

表 5.1　任务评价表

工作任务清单	完成情况
启动 Redis 客户端	
停止 Redis 客户端	
Redis 键命令的使用	
Redis 可视化客户端的使用	

任务拓展

1. 在 Windows 环境中设置后台启动 Redis 服务。
2. 在 Linux 环境中设置开机启动 Redis 服务。
3. Redis 可视化客户端的安装与使用。

任务 5.2　使用常见 Redis 数据类型

任务情境

【任务场景】

安装和配置好 Redis 之后，如何使用 Redis？我们首先要了解 Redis 支持的 5 种数据类型，通过 Redis 支持的数据类型的操作命令的使用，让我们掌握 Redis 存储数据、更新数据、查询数据等命令。

我们通过 Redis 数据类型中的常用命令来解决生活中出现的实际问题，本任务主要使用列表和集合数据类型完成工作清单和抽奖两个功能。

【任务布置】

1. 学习 Redis 的 5 种数据类型与操作命令。
2. 实现工作清单功能。
3. 实现抽奖功能。

任务准备

5.2.1　字符串

5.2.1　字符串　　　5.2.1　字符串

字符串类型是 Redis 中最为基础的数据存储类型，是一个由字节组成的序列，该类型可以接受任何格式的数据，一般用来存字符串、整数和浮点数，value 最多可以容纳的数据长度为 512MB。

1. 字符串操作命令简介

Redis 为字符串键提供了一系列操作命令，通过这些命令，用户可以：
（1）设置字符串键值。
（2）获取字符串键值。
（3）同时设置多个字符串键值，或同时获取多个字符串键值。
（4）获取字符串的长度。
（5）对字符串中存储的整数或浮点数进行加法或减法操作。

2. 字符串操作命令

1）set 命令

使用 set 命令可以为一个字符串键设置相应的值，代码如下：

```
set key value
```

这里的 key 和 value 既可以是文字也可以是二级制数据。下面看一个示例，如图 5.29 所示。

图 5.29　set 命令

执行 set 命令后成功创建了字符串键"name"，它的值是"zhangsan"，返回"OK"作为结果。

2）get 命令

用户可以使用 get 命令从 Redis 中获取指定字符串键的值，代码如下：

```
    get  key
```

get 命令接收一个字符串作为参数，然后返回与该键相关联的值。下面看一个示例，如图 5.30 所示。

图 5.30　get 命令

3）mset 命令

Redis 提供了 mset 命令用于一次为多个字符串键设置值，代码如下：

```
mset key value【key value …】
```

下面我们看一个示例，如图 5.31 所示。

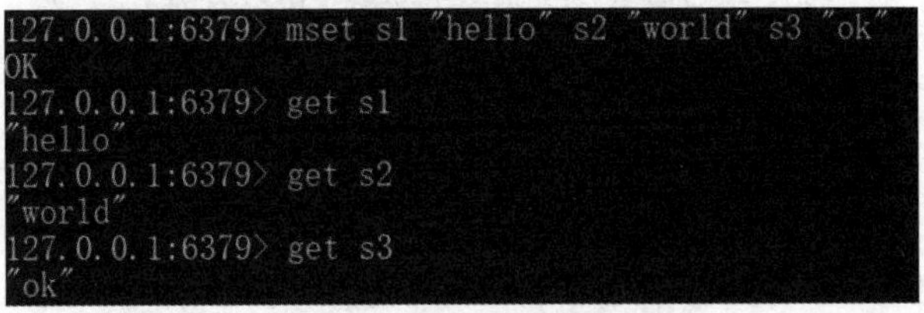

图 5.31　mset 命令

上例中通过 mset 命令设置了三个字符串键值，设置成功后返回"ok"，然后通过 get 命令可以依次取出设置的字符串键的值。

4）mget 命令

mget 用于接收一个或多个字符串键作为参数，代码如下：

```
mget  key  【key …】
```

mget 命令返回一个列表作为结果，这个列表按照用户执行命令时给定键的顺序排列各个键的值。下面看一个示例代码，如图 5.32 所示。

```
127.0.0.1:6379> mget s1 s2 s3
1) "hello"
2) "world"
3) "ok"
```

图 5.32　mget 命令

上例中，执行 mget 命令后，返回 3 个元素的列表。

5）strlen 命令

通过 strlen 命令，用户可以获取字符串键存储的值的字节长度，代码如下：

```
strlen  key
```

下面看一个示例，如图 5.33 所示。

```
127.0.0.1:6379> strlen s1
(integer) 5
127.0.0.1:6379> strlen s3
(integer) 2
```

图 5.33　strlen 命令

执行 strlen 命令后，返回 s1 的长度为 5，s3 的长度为 2。

6）incrby 与 decrby 命令

当字符串键储存的值是整数时，用户可以通过 incrby、decrby 命令对被存储的整数值执行加法或减法操作，代码如下：

```
incrby  key  increment
decrby  key  increment
```

下面看一个示例，如图 5.34 所示。

```
127.0.0.1:6379> set number 100
OK
127.0.0.1:6379> get number
"100"
127.0.0.1:6379> incrby number 1
(integer) 101
127.0.0.1:6379> decrby number 10
(integer) 91
```

图 5.34　incrby 和 decrby 命令

执行 incrby 命令后 number 的值增加了 1，执行 decrby 命令后 number 减少了 10。

【课堂训练 5-3】

字符串 set、get、mset、mget、strlen、incrby、decrby 等操作命令测试。

5.2.2　列表

Redis 列表是一种线性结构，可以按照元素进入列表的顺序存储，并且列表中元素允许重复，这些元素可以是字符串，也可以是二级制数据。

5.2.2　列表　　5.2.2　列表

1. 列表操作命令简介

Redis 为列表提供了丰富的操作命令，通过这些命令，用户可以：
（1）将元素加到列表的左边或者右边。
（2）移除列表最左端或者最右端元素。
（3）获取列表的数量。
（4）获取列表指定索引上的单个元素，或者获取列表在指定索引范围中的多个元素。
（5）从列表中删除指定元素。

2. 列表操作命令

1）lpush 与 rpush 命令

lpush 命令可以将一个或多个元素推入给定列表的左边，rpush 命令可以将一个或多个元素加入到列表的右边，代码如下：

```
lpush list item [ item item …]
rpush list item [ item item …]
```

下面看一个示例，如图 5.35 所示。

```
127.0.0.1:6379> lpush book "Java" "C" "C++"
(integer) 3
127.0.0.1:6379> rpush book "JSP" "Servlet" "Spring"
(integer) 6
```

图 5.35　lpush 和 rpush 命令

示例中显示了左边推入了 3 个元素，右边推入了 3 个元素。

2）lpop 与 rpop 命令

用户可以使用 lpop 命令移除列表最左边的元素，并且将被移除的元素返回给用户；用户也可以使用 rpop 命令移除列表最右边的元素，并且将被移除的元素返回给用户，代码如下：

```
lpop list
rpop list
```

下面看一个示例，如图 5.36 所示。

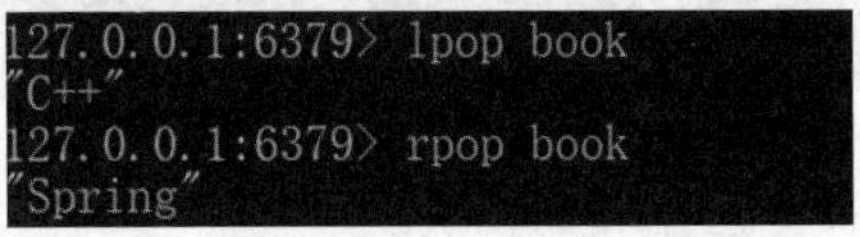

```
127.0.0.1:6379> lpop book
"C++"
127.0.0.1:6379> rpop book
"Spring"
```

图 5.36　lpop 和 rpop 命令

示例中显示从左边移除了一个元素，从右边移除了一个元素。

3）llen 命令

用户可以执行 llen 命令获取列表的长度，即获取列表包含的元素数量，代码如下：

```
llen list
```

下面看一个示例，如图 5.37 所示。

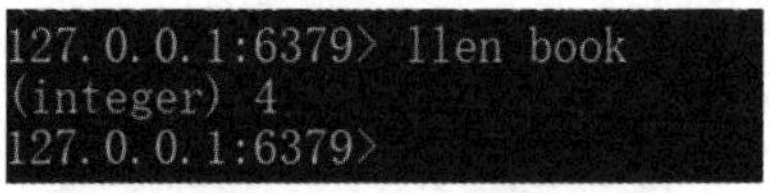

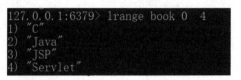

图 5.37　llen 命令

示例中显示列表 book 的长度为 4。

4）lrange 命令

用户可以通过 lrange 命令获取给定索引范围上的多个元素，命令格式如下：

```
lrange list start end
```

其中 start 表示开始索引，end 表示索引，当 end 为-1 时表示结束索引。下面看一个示例，如图 5.38 所示。

图 5.38　lrange 命令

5）lrem 命令

用户可以通过 lrem 命令删除列表中指定的元素，命令格式如下：

```
lrem list count value
```

其中 count 参数的值决定了 lrem 命令删除元素的方式。

（1）count > 0：从表头开始向表尾搜索，删除与 value 相等的元素，数量为 count。

（2）count < 0：从表尾开始向表头搜索，移除与 value 相等的元素，数量为 count 的绝对值。

（3）count = 0：移除表中所有与 value 相等的值。

下面看一个示例，如图 5.39 所示。

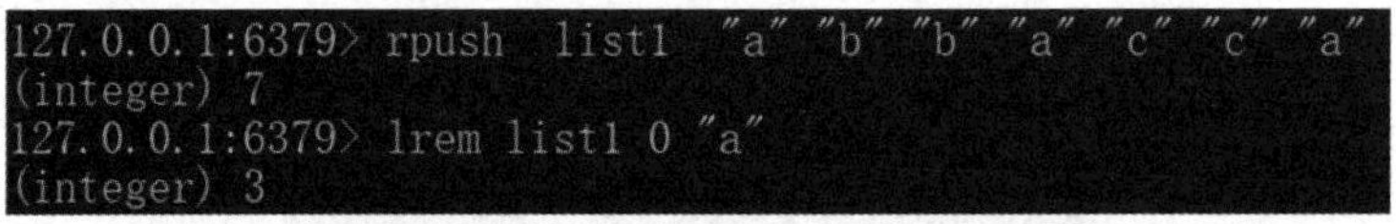

图 5.39　lrem 命令

示例中 count=0，删除所有包含"a"的元素。

【课堂训练 5-4】

以列表形式列出 lpush 与 rpush、lpop 与 rpop、llen、lrange、lrem 等操作命令测试。

5.2.3　集合

Redis 集合以无序的方式储存多个各不相同的元素，这些元素可以是文本数据，也可以是二进制数据。

5.2.3　集合

5.2.3　集合

1. 集合操作命令简介

Redis 为集合提供一系列操作命令，通过这些命令：
（1）用户可以快速地向集合添加元素，或者从集合里面删除元素。
（2）获取集合中的所有元素。
（3）获取集合中元素的数量。
（4）检查给定元素是否在集合中。
（5）可以对多个集合进行集合运算操作，比如计算并集、交集和差集。

2. 集合操作命令

1）sadd 命令

通过 sadd 命令，可以将一个或多个元素添加到集合中，命令格式如下：

```
sadd key_name element [element …]
```

这个命令返回成功添加新元素的数量。下面看一个添加元素到集合的示例，如图 5.40 所示。该命令执行后集合中新添加了 1 个元素。

```
127.0.0.1:6379> sadd db "mongodb"
(integer) 1
```

图 5.40　sadd 命令

如图 5.41 所示，该命令执行后集合中添加 3 个元素。

```
127.0.0.1:6379> sadd db "mysql" "sqlServer" "oracle"
(integer) 3
```

图 5.41　添加了 3 个元素

2）srem 命令

通过该命令，从集合中移除 1 个或多个已经存在的元素，命令格式如下：

```
srem key_name element [element…]
```

这个命令返回被移除的元素数量。下面看一个移除集合中元素示例，如图 5.42 所示，该命令执行后集合中移除了 1 个元素。

```
127.0.0.1:6379> srem db "mongodb"
(integer) 1
```

图 5.42　srem 命令

如图 5.43 所示，该命令执行后集合中移除了 3 个元素。

```
127.0.0.1:6379> srem db "mysql" "sqlServer" "oracle"
(integer) 3
```

图 5.43　移除了 3 个元素

3）smembers 命令

通过 smembers 命令可以取得集合包含的所有元素，命令格式如下：

```
smembers key_name
```

如图 5.44 所示代码展示使用 smembers 命令获取 books 集合中的所有元素。

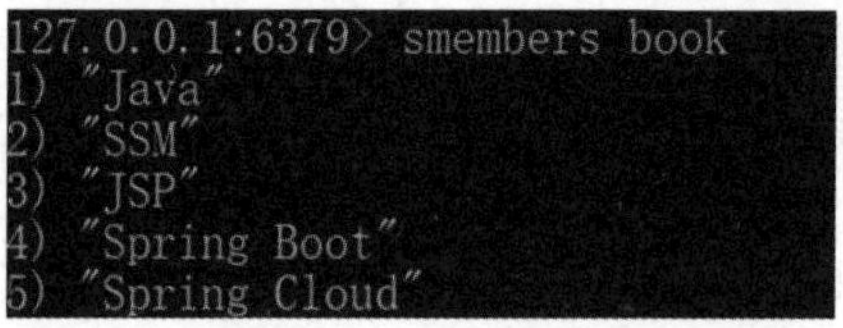

图 5.44 smembers 命令

4）scard 命令

通过 scard 命令可以获取给定集合的大小，即集合包含的元素数量，命令格式如下：

```
scard key_name
```

如图 5.45 所示代码展示了使用 scard 命令获取 book 集合的大小。

图 5.45 scard 命令

5）sismember 命令

通过使用 simember 命令可以检查给定的元素是否存在集合中，命令格式如下：

```
sismember key_name element
```

simember 命令返回 1 表示给定的元素存在于集合中；返回 0 则表示元素不在集合中。下面看一个示例，如图 5.46 所示。

图 5.46 simember 命令

该命令执行后检测到"Spring Boot"元素在 book 集合中。

6）sunion、sdiff 命令

使用 sunion 命令可以计算给定的所有集合的并集，然后返回这个并集的所有元素，命令格式如下：

```
suniion key [key  …]
```

下面我们看一个使用 sunion 命令实现集合并集的示例，如图 5.47 所示。

图 5.47 sunion 命令

从结果可以看出，b1 和 b2 的并集共包含 6 个元素。

使用 sdiff 命令可以计算给定集合之间的差集，也就是计算在第一个集合中但不在第二个集合中的元素集，如果集合不存在，则返回空集，命令格式如下：

```
sdiff key [key ...]
```

下面我们看一个使用 sdiff 命令实现集合差集的示例，如图 5.48 所示。

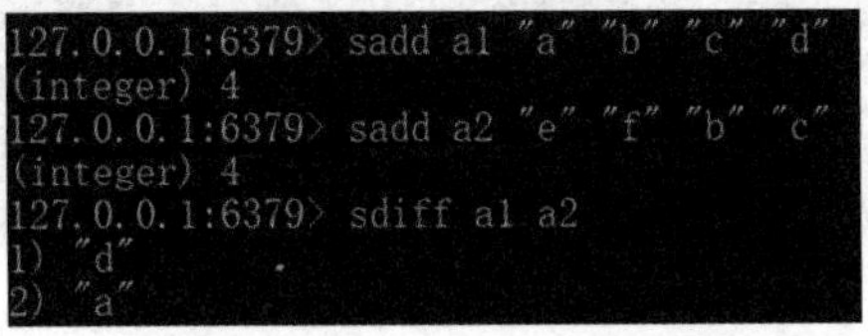

图 5.48　sdiff 命令

从结果可以看出，a1 和 a2 的差集为 2 个元素，也就是在 a1 集合中，并且不在集合 a2 中的元素有"a""d"。

【课堂训练 4-5】

集合 sadd、srem、smembers、scard、sismember、sunion、sdiff 等操作命令测试。

5.2.4　哈希

哈希类型是 key-value 结构的，key 是字符串类型，其 value 分为两个部分：field 和 value，其中 field 部分代表属性，value 代表属性对应的值。哈希的字符串属性和值既可以是文本数据，也可以是二进制数据。

5.2.4　哈希　　5.2.4　哈希

哈希类型数据示例如图 5.49 所示。

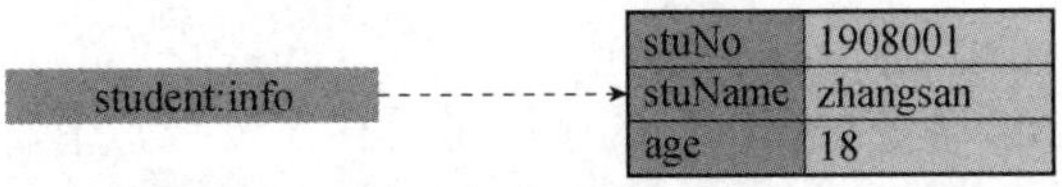

图 5.49　哈希类型数据示例

其中，student:info 为 key，stuNo、stuName、age 为属性，1908001、zhangsan、18 为属性值。

1. 哈希操作命令简介

Redis 为哈希提供了一系列操作命令，通过这些命令，可以

（1）设置哈希字段的值。
（2）从哈希中获取给定字段的值。
（3）检查给定的字段是否存在于哈希中。
（4）查看哈希包含字段的数量。
（5）获取哈希包含的所有字段、所有值、所有字段和值。

2. 哈希操作命令

1）设置哈希字段的值

用户可以通过 hset 命令为哈希中指定字段设置值，命令格式为：

```
hset hash field value
```

其中 hash 为哈希的 key，field 为属性，value 为对应的值。需要注意的是：
（1）如果给定的属性不存在于哈希中，则执行一次创建操作，返回 1。
（2）如果给定的属性存在于哈希中，则执行一次更新操作，返回 0。

下面看一个示例，通过 hset 命令，创建 3 个属性的哈希，如图 5.50 所示。

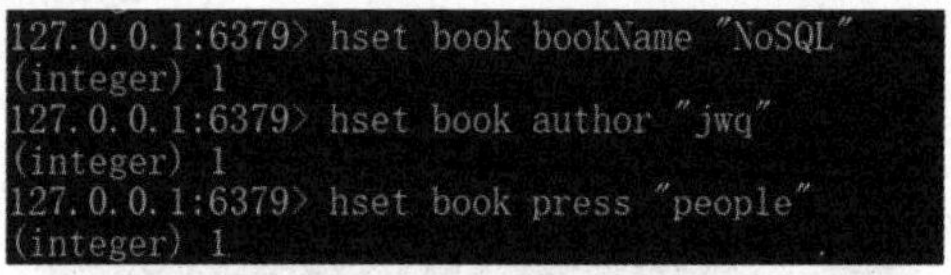

图 5.50　hset 命令（创建 3 个属性）

执行 hset 命令后设置了 3 个属性。

2）从哈希中获取给定字段的值

用户可以通过 hget 命令获取给定字段的值，命令格式如下：

```
hget hash field
```

下面看一个例子，通过 hset 命令获取 bookName、author、press 字段的值，如图 5.51 所示。

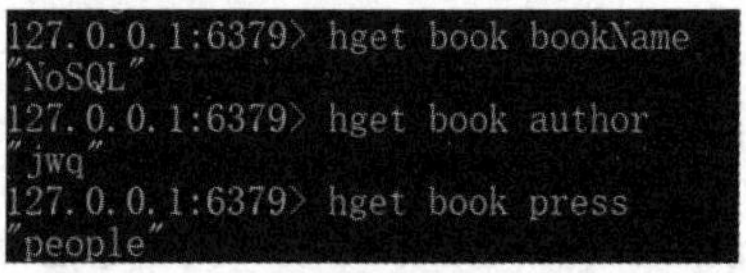

图 5.51　hset 命令（获取字段的值）

执行 hget 命令后，获取了 bookName、author、press 字段的值。

3）检查给定的字段是否存在于哈希中

用户可以通过 hexists 命令检查给定的字段是否存在于哈希中，命令格式如下：

```
hexists hash field
```

如果哈希中包含的字段存在，则返回 1，否则返回 0。下面看一个示例，如图 5.52 所示。

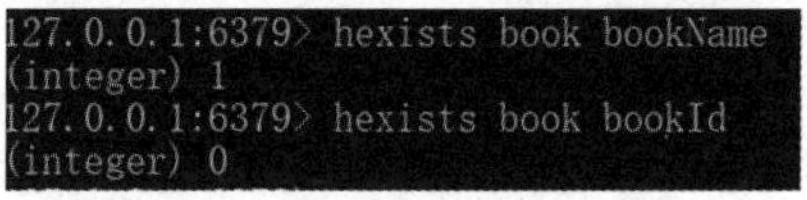

图 5.52　hexists 命令

上面的命令说明哈希 book 中 bookName 存在，bookId 不存在。

4）查看哈希包含字段的数量

用户可以通过 hlen 命令获取给定哈希字段的数量，命令格式如下：

```
hlen hash
```

下面看一个示例，查询哈希 book 中的字段的数量，如图 5.53 所示。

```
127.0.0.1:6379> hlen book
(integer) 3
```

图 5.53　hlen 命令

5）获取哈希包含的所有字段、所有值、所有字段和值

用户可以通过 hkeys、hvals、hgetall 命令获取哈希中所有字段、所有值、所有字段和值，命令格式如下：

```
hkeys hash
hvals hash
hgetall hash
```

下面我们看一个示例，通过 hkeys、hvals、hgetall 命令获取哈希 book 中所有字段、所有值或所有字段和值，如图 5.54 所示。

```
127.0.0.1:6379> hkeys book
1) "bookName"
2) "author"
3) "press"
127.0.0.1:6379> hvals book
1) "NoSQL"
2) "jwq"
3) "people"
127.0.0.1:6379> hgetall book
1) "bookName"
2) "NoSQL"
3) "author"
4) "jwq"
5) "press"
6) "people"
```

图 5.54　获取哈希 book 中所有字段、所有值或所有字段和值

其中 hgetall 命令获取字段和值时，依次显示字段、字段的值。

【课堂训练 5-6】

哈希 hset、hget、hexists、hlen、hkeys、hvals、hgetall 等操作命令测试。

5.2.5　有序集合

5.2.5　有序集合　5.2.5　有序集合

有序集合和集合类似，只是它是有序的，和无序集合的主要区别在于每一个元素除了值之外，它还会多一个分数。分数是一个浮点数，在 Java 中是用双精度表示的。根据分数，Redis 就可以支持对分数从小到大或者从大到小的排序。

这里和无序集合一样，对于每一个元素都是唯一的，但是对于不同元素而言，它的分数可以一样。元素是 String 数据类型的，也是一种基于 hash 的存储结构。

1. 有序集合操作命令简介

Redis 为有序集合提供了一系列操作命令，通过这些命令，可以

（1）添加或更新成员。

（2）移除指定成员。

（3）获取成员的分值。

（4）获取有序集合的大小。
（5）获取指定范围内的成员。

2. 有序集合操作命令

1）添加或更新成员

通过 zadd 命令向有序集合中添加一个或多个成员，命令格式如下：

```
zadd sorted_set score member [ score member …]
```

其中，score 为分数，member 为成员。在默认情况下，执行 zadd 命令后会返回添加成功的新成员的数量。下面看一个示例，如图 5.55 所示。

```
127.0.0.1:6379> zadd grade 65 "zhangsan" 78 "lisi" 55 "wangwu" 88 "zhaoliu"
(integer) 4
```

图 5.55 zadd 命令

执行该命令后，创建了 4 个成员的有序集合。

zadd 命令除了有添加新成员功能外，还有更新成员的功能，下面看一个示例，如图 5.56 所示。

```
127.0.0.1:6379> zadd grade 66 "wangwu"
(integer) 0
```

图 5.56 zadd 命令更新成员

执行该命令后，由于是一次更新操作，所以没有返回添加的新成员，所以命令的返回值是 0。

2）移除指定成员

通过 zrem 命令可以删除有序集合中的指定成员，命令格式如下：

```
zrem sorted_set member
```

下面看一个移除指定成员的示例，如图 5.57 所示。

```
127.0.0.1:6379> zrem grade "lisi"
(integer) 1
```

图 5.57 zrem 命令

执行该命令后，移除了 "lisi" 这个成员。

3）获取成员的分值

通过 zscore 命令可以获取成员的分值，命令格式如下：

```
zscore sorted_set member
```

下面看一个获取成员分值的示例，如图 5.58 所示。

```
127.0.0.1:6379> zscore grade "zhangsan"
"65"
127.0.0.1:6379> zscore grade "lisi"
"78"
127.0.0.1:6379> zscore grade "wangwu"
"66"
127.0.0.1:6379> zscore grade "zhaoliu"
"88"
```

图 5.58 zscore 命令

执行上面命令后，可以获取"zhangsan""lisi""wangwu""zhaoliu"成员的分值。

4）获取有序集合的大小

通过 zcard 命令可以获取有序集合的大小，命令格式如下：

`zcard sorted_set`

下面看一个示例，如图 5.59 所示。

图 5.59　zcard 命令

执行上面命令，可以获取有序集合 grade 的大小为 4。

5）获取指定范围内的成员

通过 zrange 命令可以获取指定范围内的成员，命令格式如下：

`zrange sorted_set start end`

其中 start 表示起始点，end 表示终点，下面看一个具体示例，如图 5.60 所示。

图 5.60　zrange 命令

执行该命令后，可以获取有序集合中 grade 在 0~4 之间的所有成员。

【课堂训练 5-7】

有序集合 zadd、zrem、zscore、zcard、zrange 等操作命令测试。

任务实施

本任务主要实现两个 Redis 案例：工作清单、抽奖。

1. 工作清单

在我们日常工作中，经常有很多事务工作要处理，为了便于管理，我们会把工作分为两类：准备要完成的、已经完成的。

我们使用 Redis 的列表就可以实现工作清单的管理。我们设计两个列表，一个列表用来添加准备完成的工作，另外一个列表用来存放已经完成的工作。为了保证数据的一致性，当从准备完成列表中删除一个工作任务后，已完成的任务列表中就增加了一条记录。

下面我们来看一下具体实现过程。

1）添加工作清单列表

创建 2 个列表：task_to_be_completed（准备要完成的工作清单）、task_completed（已经完成的工作清单），接下来向 task_to_be_completed 列表中添加 5 个工作清单，如图 5.61 所示。

```
127.0.0.1:6379> lpush task_to_completed "8:00-9:00 morning metting"
(integer) 1
127.0.0.1:6379> lpush task_to_completed "9:10-9:30 arrangement_work"
(integer) 2
127.0.0.1:6379> lpush task_to_completed "9:50-10:30 meet_customers"
(integer) 3
127.0.0.1:6379> lpush task_to_completed "10:40-11:30 file_processing"
(integer) 4
127.0.0.1:6379> lpush task_to_completed "11:40-12:00 have_lunch"
(integer) 5
```

图 5.61　向 task_to_be_completed 列表中添加 5 个工作清单

2）从准备要完成的工作清单列表中删除工作任务

使用 rpop 命令从列表 task_to_be_completed 中移除列表的最后一个工作清单，代码如图 5.62 所示。

```
127.0.0.1:6379> rpop task_to_completed
"8:00-9:00 morning metting"
```

图 5.62　rpop 命令（移除最后一个工作清单）

再次使用 rpop 命令移除列表 task_to_be_completed 中的工作清单，代码如图 5.63 所示。

```
127.0.0.1:6379> rpop task_to_completed
"9:10-9:30 arrangement_work"
```

图 5.63　rpop 命令（移除工作清单）

3）将删除的工作清单加入已经完成的工作清单列表中

将列表 task_to_be_completed 中移除的 2 个任务清单加入到已经完成的工作清单列表中，代码如图 5.64 所示。

```
127.0.0.1:6379> lpush task_completed "8:00-9:00 morning metting"
(integer) 1
127.0.0.1:6379> lpush task_completed "9:10-9:30 arrangement_work"
(integer) 2
```

图 5.64　将删除的工作清单加入已经完成的工作清单中

4）显示准备要完成的工作清单与已经完成的工作清单

通过 lrange 命令查询准备要完成的工作清单列表，代码如图 5.65 所示。

```
127.0.0.1:6379> lrange task_to_completed 0 3
1) "11:40-12:00 have_lunch"
2) "10:40-11:30 file_processing"
3) "9:50-10:30 meet_customers"
```

图 5.65　用 lrange 命令查询准备要完成的工作清单

通过 lrange 命令查询已经完成的工作清单列表，代码如图 5.66 所示。

```
127.0.0.1:6379> lrange task_completed 0 2
1) "9:10-9:30 arrangement_work"
2) "8:00-9:00 morning metting"
```

图 5.66　用 lrange 命令查询已经完成的工作清单

通过 Redis 列表命令的执行，使得准备要完成的工作清单列表中的任务转到已经完成的工作清单列表中，实现了工作清单任务的管理。

2. 抽奖

电视节目活动中经常会出现抽奖环节,我们可以使用 Redis 的集合元素的 srandmember 命令实现电话号码抽奖,下面我们来看具体实现步骤。

1)首先向集合 phones 中添加电话号码

通过 sadd 命令向集合 phones 中添加 5 个电话,代码如图 5.67 所示。

图 5.67　添加 5 个电话

2)随机抽取一个幸运观众的电话号码

使用 srandmember 命令随机抽取集合 phones 中的 1 个幸运电话号码,代码如图 5.68 所示。

图 5.68　随机抽取集合中的 1 个幸运电话号码

使用 srandmember 命令随机抽取集合 phones 中的 3 个幸运电话号码,代码如图 5.69 所示。

图 5.69　随机抽取 3 个幸运电话号码

通过 sadd、srandmember 命令实现了添加幸运观众的电话号码、随机抽取 1 个或者多个幸运观众的功能。

任务评价

填写任务评价表,如表 5.2 所示。

表 5.2　任务评价表

工作任务清单	完成情况
工作清单	
抽奖	

任务拓展

1. 使用 Redis 的列表命令完成分页功能。

2. 使用 Redis 的集合命令完成点赞功能。
3. 使用 Redis 的有序集合命令完成商品推荐功能。

任务 5.3　使用 RedisTemplate 操作 Redis 数据

任务情境

【任务场景】

使用 Redis 命令行的方式时需要用户参与，当用户输入 Redis 命令时，Redis 服务器返回运行结果，这种方式在实际的开发环境或生产环境中都很少使用，大部分时候都是将 Redis 的操作封装成组件，在代码中使用 Redis 的组件来处理 Redis 的数据。

在 Spring Boot 中，操作 Redis 的组件是 RedisTemplate。RedisTemplate 是 Spring-Data-Redis 针对 Jedis 提供的高度封装类，提供了连接池自动管理，并且针对 Jedis 客户端中大量 API 进行归类封装，将同一类型的操作封装为 Operation 接口，主要包括：简单的 K-V 操作、Set 类型数据操作、Zset 类型数据操作、Map 类型数据操作、List 类型数据操作。

【任务布置】

1. 在 Spring Boot 开发工具中整合 Redis。
2. 学习 RedisTemplate 的常用方法。
3. 使用 RedisTemplate 组件实现 Redis 数据的写入与读取。

任务准备

5.3.1　RedisTemplate 简介

5.3.1 RedisTemplate 简介

5.3.1 RedisTemplate 简介

1. RedisTemplate 概述

Spring Boot 的 Spring-Boot-Starter-Data-Redis 为 Redis 的相关操作提供了一个高度封装的 RedisTemplate 类，而且对每种类型的数据结构都进行了归类，将同一类型操作封装为 operation 接口。RedisTemplate 对 5 种数据类型分别定义了操作，如下所示：

（1）操作字符串：redisTemplate.opsForValue()。
（2）操作 Hash：redisTemplate.opsForHash()。
（3）操作 List：redisTemplate.opsForList()。
（4）操作 Set：redisTemplate.opsForSet()。
（5）操作 ZSet：redisTemplate.opsForZSet()。

2. Spring Boot 整合 Redis

在 Spring Boot 项目中想要整合 Redis，首先需要加入依赖的 jar 包，其次需要在 Spring Boot 项目的配置文件中加入 Redis 的配置，下面我们看一下整合步骤。

（1）在 Spring Boot 项目的 pom.xml 中加入依赖的 jar 包。

```
<dependency>
    <groupId>org.springframework.boot</groupId>
    <artifactId>spring-boot-starter-data-redis</artifactId>
</dependency>
```

（2）在 Spring Boot 项目的配置文件 application.properties 中加入 Redis 配置。

```
spring.redis.host=127.0.0.1
spring.redis.port=6379
```

【课堂训练 5-8】

新建一个 Spring Boot 项目，在项目中添加 Redis 依赖的 jar 包，同时在配置文件中加入 Redis 连接配置，创建测试类测试 Redis 的连接。

5.3.2 RedisTemplate 常用方法

1. 操作字符串

RedisTemplate 操作字符串方法包括：设置值、获取值、设置超时时间、求字符串长度、求字符串子串、删除数据等。下面我们来看操作字符串实例代码：

5.3.2 使用 RedisTemplate 操作 Redis 数据

5.3.2 使用 RedisTemplate 操作 Redis 数据

```java
@Test
public void testString() {
    //设置值
    redisTemplate.opsForValue().set("string","hello");
    //获取值
    String string1=(String)redisTemplate.opsForValue().get("string");
    System.out.println("string:"+string1);
    //设置值且设置超时时间
    redisTemplate.opsForValue().set("mid","ccit",3,TimeUnit.SECONDS);
    String middle = (String)redisTemplate.opsForValue().get("mid");
    System.out.println("middle:"+middle);
    //求字符串长度
    int size = redisTemplate.opsForValue().size("string").intValue();
    System.out.println("size:"+size);
    //求字符串子串
    String subString = redisTemplate.opsForValue().get("string", 0, 3);
    System.out.println("substring:"+subString);
    //删除数据
    boolean isDelete = redisTemplate.delete("string");
    System.out.println("iseDelete:"+(isDelete ? "Yes" : "No"));
}
```

RedisTemplate 操作字符串运行结果如图 5.70 所示。

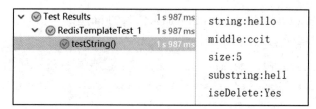

图 5.70　RedisTemplate 操作字符串运行结果

2. 操作列表

RedisTemplate 操作列表方法包括：往列表左侧插入元素、往列表右侧插入元素、计算列表的大小、遍历整个列表元素、从列表左侧取出第一个元素并移除、从列表右侧取出第一个元素并移除。下面我们来看操作列表实例代码：

```
@Test
public void testList() {
    ListOperations listOp = redisTemplate.opsForList();
    //往 List 列表左侧插入一个元素
    listOp.leftPush("namelist", "mike");
    listOp.leftPush("namelist", "kim");
    //往 List 列表右侧插入一个元素
    listOp.rightPush("namelist", "jimmy");
    listOp.rightPush("namelist", "chuck");
    //计算 List 列表大小
    Long size = listOp.size("namelist");
    //遍历整个 List 列表元素
    List namelist1 = listOp.range("namelist", 0, size);
    System.out.println("namelist1:"+JSON.toJSONString(namelist1));
    //遍历整个 List 列表，-1 表示倒数第一个即最后一个
    List namelist = listOp.range("namelist", 0, -1);
    System.out.println("namelist:"+JSON.toJSONString(namelist));
    //从 List 列表左侧取出第一个元素，并移除
    Object name1 = listOp.leftPop("namelist", 200, TimeUnit.MILLISECONDS);
    System.out.println("is kim:" + name1.equals("kim"));
    //从 List 列表右侧列表第一个元素，并移除
    Object name2 = listOp.rightPop("namelist");
    System.out.println("is chuck:" + name2.equals("chuck"));
}
```

RedisTemplate 操作列表运行结果如图 5.71 所示。

图 5.71　RedisTemplate 操作列表运行结果

3. 操作 Hash

RedisTemplate 操作 Hash 包括：新增元素、判断指定 key 对应的 Hash 中是否存在指定的 map 键、获取指定 key 对应的 Hash 中指定键的值、获取 Hash 表所有的 key 集合、获取 Hash 表所有的 values 集合、获取 key 对应的 Hash 表 map、删除指定 key 对应 Hash 中指定键的键值对、删除整个 Hash 表等。下面我们来看操作 Hash 实例代码：

```
@Test
public void testHash() {
    //添加泛型方便操作和返回想要的具体类型
    HashOperations<String, String, Integer> hashOp = redisTemplate.opsForHash();
    //往 Hash 中新增元素
    hashOp.put("score", "Mike", 10);
    hashOp.put("score", "Jimmy", 9);
    hashOp.put("score", "Kim", 8);
    //判断指定 key 对应的 Hash 中是否存在指定的 map 键
    Assert.isTrue(hashOp.hasKey("score", "Kim"));
    //获取指定 key 对应的 Hash 中指定键的值
    Integer kim = hashOp.get("score", "Kim");
    System.out.println("kim score:" + kim);
    //获取 Hash 表所有的 key 集合
    Set<String> name = hashOp.keys("score");
    System.out.println(JSON.toJSONString(name));
    //获取 Hash 表所有的 values 集合
    List<Integer> score = hashOp.values("score");
    System.out.println(JSON.toJSONString(score));
    //获取"score"对应的 Hash 表 map
    Map<String, Integer> map = hashOp.entries("score");
    System.out.println(JSON.toJSONString(map));
    //删除指定 key 对应 Hash 中指定键的键值对
    hashOp.delete("score", "Mike");
    //如果要删除整个 Hash 表，则要用 redisTemplate.delete("score")方法,否则报错：Fields must not be empty
    //hashOp.delete("score");
    //删除整个 Hash 表
    redisTemplate.delete("score");
    Map<String, Integer> map1 = hashOp.entries("score");
    System.out.println(JSON.toJSONString(map1));
}
```

RedisTemplate 操作 Hash 运行结果如图 5.72 所示。

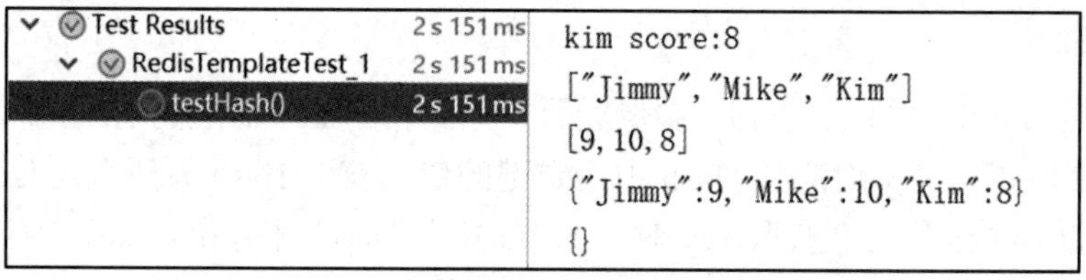

图 5.72　RedisTemplate 操作 Hash 运行结果

4. 操作集合

RedisTemplate 操作集合包括：向集合中添加元素、获取集合中的元素、移除集合中的元素、判断是否是集合中的元素、移除并返回的一个随机元素。下面我们来看操作集合实例代码：

```
@Test
public void testSet() {
    SetOperations<String, String> setOp = redisTemplate.opsForSet();
    //向集合中添加元素,set 元素具有唯一性
    setOp.add("city", "changzhou", "beijing", "shanghai", "hongkong", "hongkong");
    Long size = setOp.size("city");
    System.out.println("city size:" + size);
    //获取集合中的元素
    Set city = setOp.members("city");
    System.out.println(JSON.toJSONString(city));
    //移除集合中的元素,可以移除一个或多个
    setOp.remove("city", "paris");
    //判断是否是集合中的元素
    Boolean isMember = setOp.isMember("city", "hongkong");
    System.out.println("hongkong is in city:" + isMember);
    //移除并返回集合中的一个随机元素
    String city1 = setOp.pop("city");
    System.out.println(city1);
}
```

RedisTemplate 操作集合运行结果如图 5.73 所示。

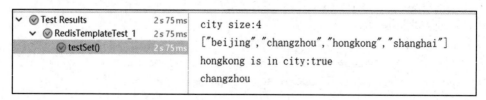

图 5.73　RedisTemplate 操作集合运行结果

5. 操作有序集合

RedisTemplate 操作有序集合包括：添加元素、获取变量指定区间的元素、通过分数返回有序集合指定区间内的成员、获取有序集合的成员数等。下面我们来看操作集合实例

代码:

```java
@Test
public void testZSet() {
    ZSetOperations<String, String> zSetOp = redisTemplate.opsForZSet();
    //添加元素
    zSetOp.add("zcity", "beijing", 100);
    zSetOp.add("zcity", "shanghai", 95);
    zSetOp.add("zcity", "guangzhou", 75);
    zSetOp.add("zcity", "shenzhen", 85);
    //获取变量指定区间的元素。0, -1 表示全部
    Set<String> zcity = zSetOp.range("zcity", 0, -1);
    System.out.println(JSON.toJSONString(zcity));
    //通过分数返回有序集合指定区间内的成员,其中有序集成员按分数值递增(从小到大)顺序排列
    Set<String> byScore = zSetOp.rangeByScore("zcity", 85, 100);
    System.out.println(JSON.toJSONString(byScore));
    //获取有序集合的成员数
    Long aLong = zSetOp.zCard("zcity");
    System.out.println("zcity size: " + aLong);
}
```

RedisTemplate 操作有序集合运行结果如图 5.74 所示。

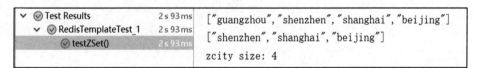

图 5.74 RedisTemplate 操作有序集合运行结果

【课堂训练 5-9】

1. RedisTemplate 操作字符串测试。
2. RedisTemplate 操作列表测试。
3. RedisTemplate 操作 Hash 测试。
4. RedisTemplate 操作集合测试。
5. RedisTemplate 操作有序集合集合测试。

任务实施

本任务的主要目标是使用 RedisTemplate 类实现字符串数据、对象数据的写入与读取,具体步骤为:

(1)创建 Spring Boot 项目,添加 Redis 依赖。
(2)在配置文件中进行 Redis 属性配置。
(3)创建 RedisTemplateTests 类,在类中自动注入 redisTemplate 与 objectMapper

对象。

（4）编写 testRedisTemplate 方法，将字符串数据写入 Redis 缓存，然后从 Redis 缓存中读取字符串数据。

（5）编写 tesRedisTemplateObject 方法，将学生对象数据写入 Redis 缓存，然后读取缓存内容并反序列化的结果。

RedisTemplate 通过 opsForValue 方法操作字符串，并且通过 ObjectMapper 的 writeValueAsString 方法将序列化后的信息写入缓存中，最后由 ObjectMapper 的.readValue 方法反序列化结果，具体实现代码如下：

```java
@SpringBootTest
class RedisTemplateTests {
    @Autowired
    private RedisTemplate redisTemplate;

    @Autowired
    private ObjectMapper objectMapper;

    //定义日志
    private Logger log= LoggerFactory.getLogger(RedisTemplateTests.class);

    @Test
    void contextLoads() {
    }

    @Test
    public void testString(){
        String content="hello,world!";
        String key="redis:template:string";

        //Redis 通用的操作组件
        ValueOperations valueOperations=redisTemplate.opsForValue();

        //将字符串信息写入缓存
        log.info("写入缓存中的内容：{} ",content);
        valueOperations.set(key,content);

        //从缓存中读取内容
        Object result=valueOperations.get(key);
        log.info("读取出来的内容：{} ",result);
    }

    @Test
    public void testObject() throws Exception{
```

```
        log.info("---开始RedisTemplate操作组件---");
        Student student=new Student(1,"001","张三");

        //Redis通用的操作组件
        ValueOperations valueOperations=redisTemplate.opsForValue();

        //将序列化后的信息写入缓存中
        String key="redis:template:object";
        String content=objectMapper.writeValueAsString(student);

        log.info("写入缓存对象：{}",student);
        valueOperations.set(key,content);

        //从缓存中读取内容
        Object result=valueOperations.get(key);
        if(result!=null){
            Student resultStudent=objectMapper.readValue(result.toString(),Student.class);
            log.info("读取缓存内容并反序列化的结果：{}",resultStudent);
        }
    }
```

RedisTemplate 写入缓存并且从缓存中读出字符串运行结果如图 5.75 所示，RedisTemplate 写入对象数据并从缓存中读取对象的运行结果如图 5.76 所示。

```
main] c.m.c.springredis01.RedisTemplateTests    : 写入缓存中的内容：hello,world!
main] c.m.c.springredis01.RedisTemplateTests    : 读取出来的内容：hello,world!
```

图 5.75 RedisTemplate 写入缓存并且从缓存中读出字符串运行结果

```
main] c.m.c.springredis01.RedisTemplateTests    : ---开始RedisTemplate操作组件---
main] c.m.c.springredis01.RedisTemplateTests    : 写入缓存对象：Student(id=1, stuNo=001, stuName=张三)
main] c.m.c.springredis01.RedisTemplateTests    : 读取缓存内容并反序列化的结果：Student(id=1, stuNo=001, stuName=张三)
```

图 5.76 RedisTemplate 写入对象数据并从缓存中读取对象的运行结果

任务评价

填写任务评价表，如表 5.3 所示。

表 5.3 任务评价表

工作任务清单	完成情况
创建 Spring Boot 项目	
添加 Redis 依赖	
Redis 属性配置	

续表

工作任务清单	完成情况
创建 RedisTemplateTests 类，自动注入 RedisTemplate 与 objectMapper 对象	
编写 testRedisTemplate 方法	
编写 testRedisTemplateObject 方法	

任务拓展

1. 使用 RedisTemplate 完成集合数据的读取。
2. 使用 RedisTemplate 完成 Hash 数据的读取。

任务 5.4　使用 StringRedisTemplate 操作 Redis 数据

任务情境

【任务场景】

StringRedisTemplate 继承 RedisTemplate，继承了 RedisTemplate 操作 Redis 数据的所有方法，当用户的 Redis 数据库里面本来存的是字符串数据或者你要存取的数据就是字符串类型数据的时候，那么使用 StringRedisTemplate 即可，StringRedisTemplate 默认采用的是 String 的序列化策略，保存的 key 和 value 都是采用此策略序列化保存的。

【任务布置】

1. 学习 StringRedisTemplate 的常用方法。
2. 使用 StringRedisTemplate 操作组件实现 Redis 数据的写入与读取。

任务准备

5.4.1　StringRedisTemplate 简介

1. StringRedisTemplate 功能

StringRedisTemplate 是 RedisTemplate 的子类，专门用于处理缓存中 value 的数据类型为 String 的数据，包含 String 类型的数据和序列化为 String 类型的数据。

5.4.1　StringRedisTemplate 简介

5.4.1　StringRedisTemplate 简介

RedisTemplate 和 StringRedisTemplate 的区别介绍如下。

（1）两者的数据是不共通的。也就是说，StringRedisTemplate 只能管理 StringRedisTemplate 里面的数据，RedisTemplate 只能管理 RedisTemplate 中的数据。

（2）默认采用的序列化策略有两种，一种是 String 的序列化策略，另一种是 JDK 的序列化策略。StringRedisTemplate 默认采用的是 String 的序列化策略,保存的 key 和 value 都是采用此策略序列化保存的。RedisTemplate 默认采用的是 JDK 的序列化策略,保存的 key 和 value 都是采用此策略序列化保存的。

2. StringTemplate 的使用

在 Spring Boot 项目中使用注解@Autowired,具体代码如下:

```
@Autowired
private StringRedisTemplate stringRedisTemplate;
```

5.4.2 StringRedisTemplate 常用方法

1. 获取 ValueOperations 操作 String 数据

通过 StringRedisTemplate 的 opsForValue 方法得到 valueOperations 对象,该对象提供了设置字符串、获取字符串等一系列方法,具体代码如下:

5.4.2 使用 StringRedisTemplate 操作 Redis 数据

```
valueOperations<String, String> valueOperations = stringRedisTemplate. opsForValue();
valueOperations.set("strRedis","StringRedisTemplate");
valueOperations.get("strRedis");
```

5.4.2 使用 StringRedisTemplate 操作 Redis 数据

2. 获取 SetOperations 操作 Set 数据

使用 StringRedisTemplate 的 opsForSet 方法得到 SetOperations 对象,该对象提供了 Set 数据添加、移除、获取所有元素等,具体代码如下:

```
SetOperations<String, String> set = stringRedisTemplate.opsForSet();
set.add("set1","22");
set.add("set1","33");
set.add("set1","44");
Set<String> resultSet =set.members("set1");
 set.add("set2", "1","2","3");//向指定 key 中存放 set 集合
Set<String> resultSet1 =set.members("set2");
log.info("resultSet:"+resultSet);
log.info("resultSet1:"+resultSet1);
```

3. 获取 ListOperations 操作 List 数据,List 可以用来实现队列

通过 StringRedisTemplate 的 opsForList 方法得到 redisList 对象,该对象提供了在列表左边插入数据、在列表右边插入数据、从左到右遍历、从右到左遍历、查询全部元素、查询指定位置元素、删除指定位置元素等方法,具体代码如下:

```
//将数据添加到 key 对应的现有数据的左边
Long redisList = stringRedisTemplate.opsForList().leftPush("redisList", "3");
stringRedisTemplate.opsForList().leftPush("redisList", "4");
```

```
//将数据添加到 key 对应的现有数据的右边
Long size = stringRedisTemplate.opsForList().size("redisList");
//从左往右遍历
String leftPop = stringRedisTemplate.opsForList().leftPop("redisList");
//从右往左遍历
String rightPop = stringRedisTemplate.opsForList().rightPop("redisList");
//查询全部元素
List<String> range = stringRedisTemplate.opsForList().range("redisList", 0, -1);
//查询前三个元素
List<String> range1 = stringRedisTemplate.opsForList().range("redisList", 0, 3);
//从左往右删除 List 中元素 A    (1:从左往右  -1:从右往左  0:删除全部)
Long remove = stringRedisTemplate.opsForList().remove("key", 1, "A");
```

4. 删除键

StringRedisTemplate 提供了删除键的方法 delete，具体代码如下：

```
Boolean key = stringRedisTemplate.delete("key");
```

5. 数字加 x

利用 StringRedisTemplate 提供的 boundValueOps 方法可以得到一个对象，该对象可以通过 increment 方法将 key 对应的值加上 x，具体代码如下：

```
Long count = stringRedisTemplate.boundValueOps("count").increment(1);//val +1
```

6. 获取过期时间，不设的话为-1

StringRedisTemplate 提供的 getExpire 方法用于获取过期时间，具体代码如下：

```
Long time = stringRedisTemplate.getExpire("count")
```

【课堂训练 5-10】

1. 测试 StringRedisTemplate 类的操作字符串的方法。
2. 测试 StringRedisTemplate 类的操作 Set 数据的方法。
3. 测试 StringRedisTemplate 类的操作 List 的方法。
4. 测试删除键方法。
5. 测试数字加 x 方法。
6. 测试获取过期时间方法。

任务实施

本任务的主要目标是使用 StringRedisTemplate 类实现字符串数据、对象数据的写入与读取，具体步骤为：

（1）创建 Spring Boot 项目，添加 Redis 依赖。
（2）在配置文件中进行 Redis 属性配置。

（3）创建 StringRedisTemplateTests 类，在类中自动注入 stringRedisTemplate 与 objectMapper 对象。

（4）编写 testStringRedisTemplate 方法，将字符串数据写入 Redis 缓存，然后从 Redis 缓存中读取字符串数据。

（5）编写 testStringRedisTemplateObject 方法，将学生对象数据写入 Redis 缓存，然后读取缓存内容并反序列化结果。

StringRedisTemplateTests 类的具体代码如下所示：

```java
@SpringBootTest
public class StringRedisTemplateTests {
    @Autowired
    private StringRedisTemplate stringRedisTemplate;

    @Autowired
    private ObjectMapper objectMapper;
    //定义日志
    private Logger  log= LoggerFactory.getLogger(SpringRedis01ApplicationTests.class);

    @Test
    public void testStringRedisTemplate(){
        log.info("--StringRedisTemplate 操作组件--");
        String key="redis:stringTemplate:string";
        String content="Hello RedisStringTemplate!";
        ValueOperations valueOperations=stringRedisTemplate.opsForValue();
        log.info("写入缓存内容：{}",content);
        valueOperations.set(key,content);
        //从缓存中读取内容
        Object result=valueOperations.get(key);
        log.info("读取出来的内容：{}"+result);
    }

    @Test
    public void testStringRedisTemplateObject()throws Exception{
        log.info("--StringRedisTemplate 操作对象组件--");
        String key="redis:stringTemplate:object";

        Student student=new Student(2,"002","李四");
        String content=objectMapper.writeValueAsString(student);

        ValueOperations valueOperations=stringRedisTemplate.opsForValue();

        log.info("写入缓存内容：{}",content);
        valueOperations.set(key,content);
```

```
            //从缓存中读取内容
            Object result=valueOperations.get(key);
            if(result!=null){
                Student
resultStudent=objectMapper.readValue(result.toString(),Student.class);
                log.info("读取缓存内容并反序列化后的结果：{}"+resultStudent);
            }
        }
    }
```

StringRedisTemplate 类操作字符串运行结果如图 5.77 所示，StringRedisTemplate 类操作对象运行结果如图 5.78 所示。

```
main] c.m.c.s.SpringRedis01ApplicationTests    : --StringRedisTemplate操作组件--
main] c.m.c.s.SpringRedis01ApplicationTests    : 写入缓存内容：Hello RedisStringTemplate!
main] c.m.c.s.SpringRedis01ApplicationTests    : 读取出来的内容：{}Hello RedisStringTemplate!
```

图 5.77　StringRedisTemplate 类操作字符串运行结果

```
main] c.m.c.s.SpringRedis01ApplicationTests    : --StringRedisTemplate操作对象组件--
main] c.m.c.s.SpringRedis01ApplicationTests    : 写入缓存内容：{"id":2,"stuNo":"002","stuName":"李四"}
main] c.m.c.s.SpringRedis01ApplicationTests    : 读取缓存内容并反序列化后的结果：{}Student(id=2, stuNo=002, stuName=李四)
```

图 5.78　StringRedisTemplate 类操作对象运行结果

任务评价

填写任务评价表，如表 5.4 所示。

表 5.4　任务评价表

工作任务清单	完成情况
创建 Spring Boot 项目	
添加 Redis 依赖	
Redis 属性配置	
创建 StringRedisTemplateTests 类，自动注入 stringRedisTemplate 与 objectMapper 对象	
编写 testStringRedisTemplate 方法	
编写 testStringRedisTemplateObject 方法	

任务拓展

1. 使用 StringRedisTemplate 操作 List 列表数据。
2. 使用 StringRedisTemplate 操作 Set 集合数据。

【思政小课堂】使用 Redis 缓存实现节能环保

在智能家居管理系统中，智能家居设备之间需要快速地交互数据。Redis 可以作为中间的缓存数据库，存储设备状态信息。例如，当智能灯光系统根据光线传感器的数据调整亮度时，这些数据可以先存储在 Redis 中，以便其他相关设备（如智能窗帘）快速获取并协同工作。而且，用户通过手机应用对智能家居设备的控制指令也可以通过 Redis 进行快速处理，实现设备的即时响应。

智能家居系统中融入环保理念。通过 Redis 存储能源消耗数据，当能源消耗超过一定限度时，系统可以提醒用户节约能源，培养用户的环保意识。同时，也可以利用智能家居设备传播家庭美德相关的语音提示或信息展示，如在特定时间播放关于尊老爱幼的温馨提示，营造良好的家庭氛围。

归纳总结

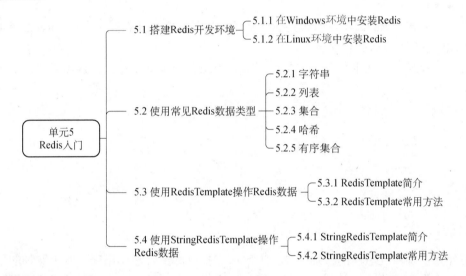

在线测试

单元 6　Redis 进阶

单元 6　Redis 进阶

学习目标

通过本单元的学习，学生能够了解 Redis 的相关进阶知识，主要涉及 Redis 事务操作、扩展 Redis 的性能。

具体来说：

（1）要求掌握 Redis 事务的相关概念原理，学会创建 Redis 事务、终止 Redis 事务，并使用 Redis 事务解决具体问题。

（2）了解通过搭建主从服务器集群，扩展 Redis 的读写性能，能够编写程序对集群进行访问。

任务 6.1　使用 Redis 事务

任务情境

【任务场景】

近年来，随着互联网的快速发展，一时间大批电商平台涌现出来，网上购物的消费方式逐渐被大众所接受。为了提升营收业绩，电商们时常会举办一系列促销活动吸引大众消费，例如，现如今广为人知的"双 11""双 12"等。在这类消费主义狂欢之际，会出现海量客户抢购同一商品的情况（俗称"抢购"），这对电商平台的系统而言，是一个巨大的挑战。

【任务布置】

在抢购场景中，最典型的案例就是防止商品超量售卖，即防止类似"一个商品卖给多个用户"的情况出现。本节的任务就是使用 Redis 事务来解决此类问题。

任务准备

6.1.1　Redis 事务介绍

6.1.1　Redis 事务介绍

6.1.1　Redis 事务介绍

在使用数据库的过程中，若多个客户端同时处理相同的数据（并发操作），非常容易导致数据出错。比如，客户 A 在某淘宝店铺进行购物，选择的商品单价为 1000 元、库存还剩 1 件，他下单并完成付款，可以分为两个操作：

（1）A 账户减少 1000 元。

（2）商品库存数减 1。

假设在操作（1）之后，客户 A 的网络出现延迟，与此同时，有个客户 B 也想购买该商品并抢先完成了付款和减库存操作，则客户 A 花了 1000 元，但什么也没买到，或者库存数量变为-1。显然无论哪一种情况，都是我们不愿意看到的。

究其原因在于，我们在重要的操作（扣款和减库存）之间，插入了其他客户端的操作，导致数据出现错误。数据库中的"事务"机制，就是用来解决此类问题的。

Redis 事务的本质是一组命令的集合。Redis 事务支持批量执行多个命令，在事务执行过程中，会按照顺序串行化执行队列中的命令，其他客户端提交的命令请求不会插入事务执行命令序列中。一言以蔽之，Redis 事务就是一次性、顺序性、排他性地执行一个队列中的一系列命令。

Redis 事务与传统的关系型数据库事务机制有所不同。在关系型数据库中，事务具有原子性，即若事务执行过程中发生错误，则会被回滚到事务开始前的状态，就像事务从来没有执行过一样，这称为事务的原子性。而 Redis 事务没有这种性质，在 Redis 事务中，某一步操作发生错误后，后面的操作依然会继续执行。

Redis 事务相关命令主要有 5 个，分别为 MULTI、EXEC、DISCARD、WATCH、UNWATCH。

（1）MULTI：开启事务，Redis 会将后续的命令逐个放入队列中，然后使用 EXEC 命令来原子化执行这个命令系列。

（2）EXEC：执行事务中的所有操作命令。

（3）DISCARD：取消事务，放弃执行事务块中的所有命令。

（4）WATCH：监视一个或多个 key，如果事务在执行前，这个 key（或多个 key）被其他命令修改，则事务被中断，不会执行事务中的任何命令。

（5）UNWATCH：取消 WATCH 对所有 key 的监视。

我们来看一个最简单的 Redis 事务的例子：

```
127.0.0.1:6379> set user:num:online 0
OK
127.0.0.1:6379> set acsecc:num 0
OK
127.0.0.1:6379> MULTI
OK
127.0.0.1:6379> INCR user:num:online
QUEUED
127.0.0.1:6379> INCR acsecc:num
QUEUED
127.0.0.1:6379> EXEC
1) (integer) 1
2) (integer) 1
```

在上面的例子中，我们模拟了一个用户登录网站的场景，用户登录后，网站在线用户数量和网站访问总数增加。通过 Redis 命令行，我们创建了 "user:num:online" 来记录网站的在线用户数，创建了 "acsecc:num" 来记录网站访问总数。假设现在有一个用户登录并访问网站，使用 MULTI 命令开启事务，使用 INCR 命令对 "user:num:online" 和 "acsecc:num" 进行加 1 操作，然后使用 EXEC 命令执行本事务。

MULTI 命令开启事务后，后续的操作命令并不会立刻执行，而是缓存到一个队列中，并返回是否入队成功（有语法错误时会入队失败），调用 EXEC 命令后，整个事务中的命令会按入队顺序执行，并输出对应的返回值。

6.1.2 Redis 事务中的错误

事务中的错误大概可以分为两类：

（1）在执行 EXEC 之前，命令入队可能出错。具体来说，命令可能会产生语法错误（参数数量错误、参数名错误，等等），或者其他更严重的错误，比如内存不足（例如，服务器使用 maxmemory 设置了最大内存限制）。

（2）命令可能在 EXEC 被调用之后执行出错。例如，事务中的命令可能处理了错误类型的键，比如将列表命令用在了字符串键上面，诸如此类。

对于发生在 EXEC 执行之前的错误，客户端以前的做法是检查命令入队所得的返回值：如果命令入队时返回 QUEUED，那么入队成功；否则，就是入队失败。在 Redis 2.6.5 以前，Redis 只执行事务中那些入队成功的命令，而忽略那些入队失败的命令。从 Redis 2.6.5 开始，服务器会对命令入队失败的情况进行记录，并在客户端调用 EXEC 命令时，拒绝执行并自动放弃这个事务。下面的示例就是入队失败的情况（此处使用的是 Redis 2.6.5 之后的版本）。

```
127.0.0.1:6379> SET testkey1 0
OK
127.0.0.1:6379> SET testkey2 0
OK
127.0.0.1:6379> MULTI
OK
127.0.0.1:6379> INCR testkey1
QUEUED
127.0.0.1:6379> INCR testkey2 100
(error) ERR wrong number of arguments for 'incr' command
127.0.0.1:6379> EXEC
(error) EXECABORT Transaction discarded because of previous errors.
```

新的处理方式则使得在流水线（Pipeline）中包含事务变得简单，因为发送事务和读取事务的回复都只需要和服务器进行一次通信。

至于那些在 EXEC 命令执行之后所产生的错误，并没有对它们进行特别处理：即使事务中有某个或某些命令在执行时产生了错误，事务中的其他命令仍然会继续执行。下面的例子展示了此特性，我们可以看到，即使第 2 条指令执行失败，其他语句仍然会正常运行。

```
127.0.0.1:6379> SET testkey1 0
```

```
OK
127.0.0.1:6379> SET testkey2 "hello world"
OK
127.0.0.1:6379> SET testkey3 0
OK
127.0.0.1:6379> MULTI
OK
127.0.0.1:6379> INCR testkey1
QUEUED
127.0.0.1:6379> INCR testkey2
QUEUED
127.0.0.1:6379> INCR testkey3
QUEUED
127.0.0.1:6379> EXEC
1) (integer) 1
2) (error) ERR value is not an integer or out of range
3) (integer) 1
```

如果你之前使用过关系型数据库的话，那么 Redis 不支持 ROLLBACK（回滚）的特点可能会让你觉得有点奇怪。

关于不支持回滚的考虑，Redis 官方文档给出如下解释：

（1）Redis 命令只会因为错误的语法而失败（并且这些问题不能在入队时发现），或是命令用在了错误类型的键上面，从实践角度来看，这些失败的命令是由编程错误造成的，而这些错误应该在开发的过程中被发现，而不应该出现在生产环境中。

（2）因为不需要对回滚进行支持，所以 Redis 的内部可以保持简单且快速。

6.1.3　Redis 中的 WATCH

6.1.1 节中我们介绍过，Redis 事务在 EXEC 命令被调用之前，不会执行任何实际的操作，因而用户无法基于读取到的数据而决定事务的具体行为，这

6.1.3 Redis 中的 WATCH

6.1.3 Redis 中的 WATCH

使得类似"从商铺中购买一件商品"之类的场景，难以用 Redis 事务实现。为什么呢？因为在我们购买一件商品之前，需要确认这件商品库存充足，并且我们的钱足够支付，这就需要我们先读取数据再判断是否购买（细心的读者可能发现了，在 6.1.1 节的例子中并没有进行库存和钱的判断，该例子只是为了说明多个客户端操作有插队现象）。

聪明的读者可能想到了，那把查询操作放在事务外面是否可以呢？我们依然用网购来举例。

客户 A 在某淘宝店铺进行购物，选择的商品单价为 1000 元、库存还剩 1 件，他下单并完成付款，可以分为以下操作。

（1）检查账户余额，大于等于 1000 元则继续，否则停止购买。

（2）检查库存数，大于等于 1 则继续，否则停止购买。

利用 MULTI 命令开启事务。

（3）A 账户减少 1000 元。

（4）商品库存数减 1。

利用 EXEC 命令执行事务中的所有操作。

这种情况下，由于操作（3）和操作（4）在事务中，因此中间不会有其他客户端插队的情况，但操作（1）和操作（2）依然是有问题的。例如当操作（1）完成时，客户 A 又完成了别的付款导致账户金额小于 1000 元，或者操作（2）之后，又有客户 B 同时在购买并且抢先完成扣款和减库存。由此可见，简单地将查询数据操作放在事务之外，仍然是有问题的。问题的本质在于，我们查询的数据，在查询之后和事务执行之前，被修改了。

Redis 中的 WATCH 命令，就是用来解决此类问题的。WATCH 命令可以为 Redis 事务提供 Check-And-Set（CAS）行为。

使用 WATCH 命令可以对一个或多个键进行监视，并且 WATCH 命令可以被执行多次，如下所示。

```
127.0.0.1:6379> WATCH key1
OK
127.0.0.1:6379> WATCH key2 key3 key4
OK
```

如果任何一个或多个被监视的键在执行 EXEC 命令之前被修改了，那么整个事务都会被取消，执行 EXEC 命令返回 nil-reply 来表示事务已经失败。

WATCH 使得 EXEC 命令需要有条件地执行，即事务只能在所有被监视键都没有被修改的前提下执行，如果这个前提不能满足的话，则事务就不会被执行。

回到之前的例子，我们就可以使用 WATCH 命令来解决数据被修改的问题：

（1）监视账户余额和库存数。

（2）检查账户余额，大于等于 1000 元则继续，否则停止购买。

（3）检查库存数，大于等于 1 则继续，否则停止购买。

利用 MULTI 命令开启事务。

（4）A 账户减少 1000 元。

（5）商品库存数减 1。

使用 EXEC 命令执行事务中的所有操作。

任务实施

接下来，我们将编写代码来模拟抢购场景下如何解决商品超售的问题。这里我们使用 Java Web 项目的形式来进行模拟，具体来说：

（1）新建一个 Java Web 项目，命名为"redis_rush_to_buy"。

（2）编写一个 Servlet，接收用户的抢购请求。

（3）编写一个抢购类，处理具体的抢购逻辑。

（4）新建一个 Java Application 项目，命名为"test"。

（5）编写测试代码，模拟多个用户发送抢购请求。

（6）部署"redis_rush_to_buy"项目。

（7）运行"test"项目，查看抢购处理效果。

下面我们来看具体实现。

（1）编写一个Servlet，接收用户的抢购请求。

```java
package com.example.redis_rush_to_buy;

import java.io.*;
import javax.servlet.http.*;
import javax.servlet.annotation.*;

@WebServlet(name = "rushToBuyServlet", value = "/rush-to-buy-servlet")
public class RushToBuyServlet extends HttpServlet {
    public void doGet(HttpServletRequest request, HttpServletResponse response) throws IOException {
        response.setHeader("Content-type", "textml;charset=UTF-8");
        response.setCharacterEncoding("UTF-8");

        String userID =request.getParameter("userID");
        String prodID =request.getParameter("prodID");
        System.out.printf(" 接 收 抢 购 请 求： userID = %s, prodID = %s\n",userID,prodID);
        boolean isSuccess= RedisRushToBuy.rushToBuy(userID,prodID);
        if(isSuccess){
            response.getWriter().write(String.format("%s 抢 购 %s 成 功 ",userID,prodID));
        }else{
            response.getWriter().write(String.format("%s 抢 购 %s 失 败 ",userID,prodID));
        }
    }
}
```

如上所示，在Servlet的doGet()方法中，我们接收2个参数，分别是用户编号userID和prodID，然后调用我们的抢购方法rushToBuy()完成我们的抢购（静态方法），最后返回抢购是否成功。

（2）编写一个抢购类，处理具体的抢购逻辑。

```java
package com.example.redis_rush_to_buy;

import redis.clients.jedis.Jedis;
import redis.clients.jedis.Transaction;

import java.util.List;

public class RedisRushToBuy {
```

```java
public static boolean rushToBuy(String userID, String prodID) {
    //连接 Redis 服务
    Jedis jedis = new Jedis("localhost", 6379);

    // 拼接 key
    String prodCountKey = "count:" + prodID;
    String buySucessKey = "buy:success:" + prodID;

    while (true) {
        // 监视库存
        jedis.watch(prodCountKey);

        // 获取不到库存时，说明秒杀还没开始
        String prodCountStr = jedis.get(prodCountKey);
        if (prodCountStr == null) {
            System.out.println("抢购还没开始!");
            jedis.close();
            return false;
        }
        int prodCount = Integer.parseInt(prodCountStr);
        if (prodCount < 1) {
            System.out.printf("%s 抢购%s 失败,商品已售罄\n", userID, prodID);
            jedis.close();
            return false;
        }

        Transaction multi = jedis.multi();            // 开启事务
        multi.decr(prodCountKey);                     // 减少库存
        multi.sadd(buySucessKey, userID);             // 将用户加入购买成功集合
        List<Object> results = multi.exec();          // 执行事务
        if (results == null || results.size() == 0) {
            System.out.printf("%s 抢购%s 失败,重试\n", userID, prodID);
            try {
                // 随机睡眠一段时间
                int sleepTime = (int) (100 + Math.random() * 900);
                Thread.sleep(sleepTime);
            } catch (InterruptedException e) {
                e.printStackTrace();
                jedis.close();
                return false;
            }
            continue;
        }
        System.out.printf("%s 抢购%s 成功\n", userID, prodID);
```

```
            jedis.close();
            return true;
        }
    }
}
```

上面代码主要做了这么几件事：①连接 Redis 服务器；②监视库存；③对库存进行异常判断（抢购是否开始、商品是否售罄）；④开启事务、减少库存、记录抢购成功的用户并执行事务；⑤若事务执行失败，则"睡眠"一段时间后重试；⑥抢购成功，打印提示信息并关闭与 Redis 服务器的连接。

这里有一个非常关键的点，就是我们在通过 WATCH 命令监视库存后，若库存发生变化，就说明有客户已经抢先一步抢购成功了，这时我们需要等待一段时间再去重试。重试可以是用户手动重试，也可以是在系统中自动重试。我们这里采用的就是自动重试，直到成功抢购或商品售罄为止。

（3）新建另一个项目，编写测试代码，模拟多个用户发送抢购请求。

```java
package test;

import org.apache.commons.httpclient.HttpClient;
import org.apache.commons.httpclient.HttpStatus;
import org.apache.commons.httpclient.methods.GetMethod;
import java.io.IOException;

class RushToBuy extends Thread{
    private String url;

    public RushToBuy(String url) {
        this.url = url;
    }

    @Override
    public void run() {
        buy();
    }

    public void buy(){
        HttpClient httpClient = new HttpClient();
        GetMethod getMethod = new GetMethod(url);
        try {
            int statusCode = httpClient.executeMethod(getMethod);
            if (statusCode != HttpStatus.SC_OK){
                System.out.println("请求出错:" + url);
            }
            // 输出返回值
            System.out.println(new String(getMethod.getResponseBody()));
```

```
        } catch (IOException e) {
            e.printStackTrace();
        }
    }
}
public class Test {
    public static void main(String[] args) {
        String  baseURL  =  "http://localhost:8080/redis_rush_to_buy_war_exploded/rush-to-buy-servlet";
        String prodID = "123";

        for(int i=1;i<=12;i++){
            String userID = "user" + i;
            String buyURL =  String.format("%s?userID=%s&prodID=%s",baseURL,userID,prodID);
            Thread thread = new RushToBuy(buyURL);
            thread.start();
        }
    }
}
```

测试代码分为两部分,一个是继承了线程类的 RushToBuy 类,一个是包含了 Main()方法的 Test 类。在 RushToBuy 类中,我们通过构造方法传入待测试的 url 地址,然后对这个地址发送 HTTP 请求,用来模拟用户的抢购。在 Test 类中,我们通过创建 12 个线程,模拟12 个用户同时抢购的并发场景。

(4)运行代码,查看抢购处理效果。

首先将"redis_rush_to_buy"项目部署好,然后设置商品库存数为 10 个。

```
127.0.0.1:6379> set count:123 10
OK
```

然后运行"test"项目,运行结果如下所示。

```
user3 抢购 123 成功
user12 抢购 123 成功
user4 抢购 123 成功
user8 抢购 123 成功
user2 抢购 123 成功
user7 抢购 123 成功
user6 抢购 123 成功
user1 抢购 123 成功
user5 抢购 123 成功
user10 抢购 123 成功
user11 抢购 123 失败
user9 抢购 123 失败
```

从运行结果可以看到，由于我们的商品库存数只有 10 个，因此只有 10 位用户抢购成功，2 位用户抢购失败。

我们再来看一下系统日志中打印的内部抢购过程：

```
接收抢购请求：userID = user11, prodID = 123
接收抢购请求：userID = user5, prodID = 123
接收抢购请求：userID = user6, prodID = 123
接收抢购请求：userID = user1, prodID = 123
接收抢购请求：userID = user8, prodID = 123
接收抢购请求：userID = user9, prodID = 123
接收抢购请求：userID = user12, prodID = 123
接收抢购请求：userID = user2, prodID = 123
接收抢购请求：userID = user3, prodID = 123
接收抢购请求：userID = user7, prodID = 123
接收抢购请求：userID = user10, prodID = 123
接收抢购请求：userID = user4, prodID = 123
user2 抢购 123 失败，重试
user4 抢购 123 失败，重试
user5 抢购 123 失败，重试
user11 抢购 123 失败，重试
user3 抢购 123 成功
user9 抢购 123 失败，重试
user7 抢购 123 失败，重试
user6 抢购 123 失败，重试
user10 抢购 123 失败，重试
user1 抢购 123 失败，重试
user12 抢购 123 失败，重试
user8 抢购 123 失败，重试
user12 抢购 123 成功
user11 抢购 123 失败，重试
user5 抢购 123 失败，重试
user4 抢购 123 成功
user10 抢购 123 失败，重试
user8 抢购 123 成功
user11 抢购 123 失败，重试
user2 抢购 123 成功
user11 抢购 123 失败，重试
user7 抢购 123 成功
user6 抢购 123 成功
user9 抢购 123 失败，重试
user1 抢购 123 成功
user5 抢购 123 成功
user10 抢购 123 成功
user11 抢购 123 失败，商品已售罄
user9 抢购 123 失败，商品已售罄
```

由上面系统打印的日志可以看出，系统接收到 12 个用户发出的抢购请求，由于 12 个请求几乎是同一时间发出的，因此刚开始只有一个用户（user3）抢购成功，其余 11 个请求会进行随机等待并重试。经过若干次重试后，最终 10 个请求抢购成功，2 个请求由于商品售罄而抢购失败。

最后，我们可以在 Redis 中查看抢购成功的 10 位用户：

```
127.0.0.1:6379> smembers buy:success:123
 1) "user7"
 2) "user8"
 3) "user5"
 4) "user6"
 5) "user4"
 6) "user1"
 7) "user3"
 8) "user12"
 9) "user2"
10) "user10"
```

任务评价

填写任务评价表，如表 6.1 所示。

表 6.1 任务评价表

任务步骤和方法	工作任务清单	完成情况
编写抢购代码	新建一个 Java Web 项目，命名为 "redis_rush_to_buy"	
	编写一个 Servlet，接收用户的抢购请求	
	编写一个抢购类，处理具体的抢购逻辑	
编写测试代码	新建一个 Java Application 项目，命名为 "test"	
	编写测试代码，模拟多个用户发送抢购请求	
查看抢购效果	部署 "redis_rush_to_buy" 项目	
	设置商品库存	
	运行 "test" 项目，查看抢购处理效果	

任务拓展

1. 考虑扩展抢购逻辑，加入考虑诸如用户账户余额、多种商品、同一商品可购买多件等因素。

2. 使用事务实现网站访问量统计、在线人数统计、帖子访问量统计等场景。

【思政小课堂】天猫"双十一"秒杀的公平公正

在天猫"双十一"秒杀抢购活动中，Redis 在技术层面发挥着重要作用。首先，Redis

通过其高效的并发处理能力和分布式锁机制，确保了秒杀活动的公平公正。

1. 高并发处理能力

在天猫"双十一"这样的购物狂欢节，用户访问量和交易量都会达到惊人的高峰。Redis作为一个内存数据库，具有极高的读写速度和并发处理能力，能够确保大量的用户请求得到快速响应，避免了因系统拥堵而导致的交易失败或延迟。

2. 数据缓存与加速

Redis在秒杀抢购中常被用作缓存层，将热点数据如商品信息、库存量等存储在内存中，减少对后端数据库的访问，从而加速数据的读取和响应速度。这不仅可以提高用户体验，还可以减轻数据库的压力，防止因过多请求而导致的数据库崩溃。

3. 分布式锁与库存控制

在秒杀场景中，库存的准确控制是至关重要的。Redis提供了分布式锁的机制，确保在多个用户同时请求购买同一件商品时，只有一个请求能够成功扣减库存，避免了超卖现象的发生。

【公平公正】秒杀抢购活动需要确保公平、公正地进行，避免出现作弊或不公平竞争的现象，这要求商家和平台坚守诚信原则，维护良好的市场秩序。秒杀抢购活动能够公平公正地实现，在社会生活中同样重要。公平公正是维护社会秩序和稳定的基础，无论是经济活动、教育资源分配还是政治参与，都需要确保每个人都能在公平的环境下竞争和发展，实现社会的和谐与发展。因此我们要树立诚信意识，尊重市场规则，追求公平竞争。

【社会责任】在天猫"双十一"期间，大量的用户请求和交易对平台和商家提出了极高的要求，他们需要承担起保障交易安全、维护用户权益的责任。随着科技的进步，我们拥有了更多的工具和手段来实现安全和效率。然而，技术的运用也需要遵循一定的伦理和规范，确保其不会加剧社会的不公和不平等。Redis的应用也正说明技术的发展应该服务于社会的公平和正义，而不是被技术所主导和束缚。

任务6.2　扩展Redis性能

任务情境

【任务场景】

伴随着系统规模越来越大、业务场景越来越复杂，我们可能会比预想中更快地触及到单台Redis服务器的性能极限。这种情况下，就需要考虑对Redis服务的性能进行扩展。

工业界对服务性能进行扩展，主要有两种思路。

（1）垂直扩展：通过对单台机器的硬件进行升级，例如添加或更换更多、更大的处理器、内存、硬盘等。这种方式比较容易理解，且没有什么技术门槛，但一般来说单台机器的性能再怎么提升，跟互联网公司的业务发展相比也是杯水车薪。况且，随着单机硬件成本的上升跟性能提升并不是一个线性关系。

（2）水平扩展：通过将服务部署到更多机器上，使用多台机器提供服务，来提升服务的整体性能。这种方式可以线性地扩展服务的性能,而且几乎没有上限。

本任务我们将介绍第二种方式,通过将服务部署到多台机器,来扩展 Redis 性能。

【任务布置】

部署一个 Redis 集群,并编写 Java 程序,向集群写入、读取数据。

任务准备

6.2.1 Redis 集群简介

6.2.1 Redis 集群简介

6.2.1 Redis 集群简介

Redis 集群是一个在多个 Redis 节点间提供共享数据的程序集。

Redis 集群并不支持处理多个 keys 的命令,因为这需要在不同的节点间移动数据,从而达不到像 Redis 那样的性能,在高负载的情况下可能会导致发生不可预料的错误。

Redis 集群通过分区来提供一定程度的可用性,在实际环境中当某个节点宕机或者不可达的情况下继续处理命令。

Redis 集群有如下特点:

(1) 自动分割数据到不同的节点上。

(2) 在整个集群的部分节点停止服务或者不可达的情况下能够继续处理命令。

Redis 集群将所有 key(键)及其对应的数据,划分到有限个"单元"之中,这种单元称为哈希槽(Hash Slot)。在 Redis 集群中,共有 16384 个哈希槽,每个 key 通过 CRC16 校验算法计算后,会得出一个值,这个值对 16384 取余后,将决定这个 key 存储到 16384 个 Hash 槽中的哪一个。Redis 集群的每个节点都会负责这些 Hash 槽中的一部分。

来看一个例子,假设当前有 A、B、C 共计 3 个节点,每个节点的哈希槽分布如下:

(1) 节点 A 包含 0 到 5500 号哈希槽。

(2) 节点 B 包含 5501 到 11000 号哈希槽。

(3) 节点 C 包含 11001 到 16384 号哈希槽。

这种逻辑结构使得添加或者删除节点变得非常简单。例如,用户此刻新增一个节点 D,则从节点 A、B、C 中移动部分 Hash 槽到 D 上即可。又或者用户想移除节点 A,则只需将 A 中的槽移到 B 和 C 节点上,然后将没有任何槽的 A 节点从集群中移除即可。由于从一个节点将 Hash 槽移动到另一个节点并不会停止服务,所以无论添加删除或者改变某个节点的 Hash 槽的数量都不会造成集群不可用的状态。

为了使在部分节点停止服务或者大部分节点无法通信的情况下集群仍然可用,Redis 集群采用了主从复制模型,每个 Hash 槽都会有 1(主服务器本身)到 N 个副本。

在上面的例子中,具有 A、B、C 三个节点的集群,在没有副本节点的情况下,如果节点 B 停止服务,则整个集群就会因缺少 5501~11000 号 Hash 槽而变得不可用。

然而如果在集群创建的时候(或创建没多久)我们为每个节点添加一个从节点 A1、B1、C1,那么整个集群便由三个 master 节点和三个 slave 节点组成,这样在节点 B 不可用时,集群便会选举 B1 为新的主节点继续服务,整个集群便不会因为槽找不到而不可用。需要注意的是，如果 B 和 B1 同时停止服务的话，则整个集群仍然会变得不再可用。

6.2.2 一致性保证

Redis 集群无法保证强一致性。这意味着在特定情况下，Redis 集群可能会丢失写入的数据。

6.2.2 一致性保证

6.2.2 一致性保证

第一种可能导致丢失写操作的原因是 Redis 集群的异步复制特性。Redis 集群的写操作过程介绍如下：

（1）客户端向主节点 B 写入一条数据。
（2）主节点 B 向客户端回复写入成功。
（3）主节点将写操作复制给从节点 B1、B2 和 B3。

从上面的过程可以看出，主节点 B 在给客户端回复写入成功后，并没等待从节点 B1、B2、B3 的确认信号，原因是等待写入成功会使得 Redis 的请求延迟大大降低。这种情况下，如果客户端向 Redis 写入数据，主节点 B 就返回确认信息给客户端，但是在返回确认之后和发送写操作给从节点之前，主节点发生崩溃的话，没有接收到写操作的从节点会选举出新的主节点，这种情况下，会丢失这次写操作。

这种情况与传统数据库往磁盘备份数据的场景非常类似：传统数据库（此处特指不支持集群的数据库）在接收到写入操作并处理完成后，如果在将内存数据备份到磁盘之前发生崩溃的话，也会丢失写入操作。当然你可以通过在回复客户端之前强制将数据备份到磁盘的方式提升一致性，但这种方式仍然会降低数据库的性能。

本质上来说，这是一种在性能和一致性之间的权衡。

针对确实需要更强一致性的场景，Redis 集群支持使用 WAIT 命令实现同步写入操作。这可以进一步降低丢失写入的可能性。但即便如此，同步写入依然无法使得 Redis 集群实现强一致性：在一种更加复杂的场景下，如果一个从节点无法接收到来自主节点的指令，就会被选举为主节点。

有一种经典场景，即当网络发生分裂（Partition）、客户端与至少一个主节点被孤立时，会使得 Redis 集群失去写操作。

以 6 个节点的集群为例，集群由 A、B、C、A1、B1、C1 组成，其中 A、B、C 为 3 个主节点，A1、B1、C1 为对应的 3 个从节点。还有一个客户端，记为 Z1。初始情况下，上述所有节点都在一个网络中，假设现在网络发生分裂，A、C、A1、B1、C1 为多数方一组（相互可以连通），B 和 Z1 为少数方一组。

上述情况下，Z1 仍然能够写入 B。如果分裂在很短的时间内恢复，则集群将继续正常运行。但是，如果分裂持续足够长的时间，以至于 B1 在多数方网络中被选为主节点，则 Z1 在此期间发送给 B 的写入将丢失。

请注意，Z1 能够发送到 B 的写入有一个最大时间窗口：如果分裂的多数方已经有足够的时间来选举一个副本作为主节点，那么少数方的每个主节点都将停止接受写入。这个时间量是 Redis Cluster 一个非常重要的配置指令，称为节点超时（Node Timeout）。

节点超时后，主节点被视为出现故障，并且可以由其副本之一替换。同样的道理，在节点超时过后，主节点无法感知大多数其他主节点，它会进入错误状态并停止接受写入。

任务实施

接下来，我们开始着手搭建并使用 Redis 集群，具体工作有：
（1）启动实例。
（2）搭建集群。
（3）通过 redis-cli 向集群写入数据。
（4）通过 Java 程序向集群写入数据。

1. 启动实例

首先需要明确的一点是，Redis 集群并不是由一些普通的 Redis 实例组成的。搭建 Redis 集群需要一些运行在集群模式的 Redis 实例，集群模式需要通过 Redis 配置开启，开启集群模式后的 Redis 实例可以使用集群特有的命令和特性。

下面展示的是能开启 Redis 集群的配置文件的最小子集：

```
port 7000
cluster-enabled yes
cluster-config-file nodes.conf
cluster-node-timeout 5000
appendonly yes
daemonize yes
```

上面的配置文件中，cluster-enabled 选项用于开启实例的集群模式，而 cluster-config-file 选项则设定了保存节点配置文件的路径，默认值为 nodes.conf。节点配置文件无须人为修改，它由 Redis 集群在启动时创建，并在有需要时自动进行更新。要让集群正常运作至少需要 3 个主节点，不过在刚开始试用集群功能时，强烈建议使用 6 个节点：其中 3 个为主节点，而其余 3 个则是各个主节点的从节点。

首先，让我们进入一个新目录，并创建 6 个以端口号为名字的子目录，稍后我们在每个目录中运行一个 Redis 实例，命令如下（这里以 Linux 系统为例，Windows 系统类似）：

```
mkdir cluster-test
cd cluster-test
mkdir 7000 7001 7002 7003 7004 7005
```

上述命令创建了一个"cluster- test"目录并进入到该目录下，然后创建了 7000～7005 共计 6 个子目录。经过操作，目录结构如下所示，其中 Redis 安装目录（redis-3.2.13）与集群根目录在同一路径下：

```
./redis-3.2.13/
./redis-cluster/
├── 7000
├── 7001
├── 7002
├── 7003
├── 7004
└── 7005
```

使用上面提到的配置内容，在目录 7000～7005 中，各创建一个 redis.conf 文件。但注意要修改 port 字段为对应目录名（例如在 7001 目录下，配置文件的 port 改为 7001）。

接下来使用上面创建的 Redis 配置文件，来启动 6 个集群模式的 Redis 实例。下面展示的是启动其中一个实例的例子，其他实例启动与之类似，不再赘述。

```
cd redis-cluster/7000/
../../redis-3.2.13/src/redis-server ./redis.conf
```

2. 搭建集群

现在我们已经有了 6 个运行在集群模式的 Redis 实例，接下来需要使用这些实例来搭建一个集群，并为每个节点编写配置文件。

通过使用 Redis 集群命令行工具 redis-trib，编写节点配置文件的工作可以非常容易地完成。redis-trib 位于 Redis 根目录下的 src 目录中，它是一个 Ruby 程序，这个程序通过向实例发送特殊命令来完成创建新集群，检查集群，或者对集群进行重新分片（Reshared）等工作。

```
./redis-trib.rb create --replicas 1 127.0.0.1:7000 127.0.0.1:7001 \
127.0.0.1:7002 127.0.0.1:7003 127.0.0.1:7004 127.0.0.1:7005
```

使用上述命令，创建一个集群。其中选项 "--replicas 1" 表示对集群的每个主节点创建 1 个从节点。其他参数则是这个集群实例的地址列表，即 3 个主节点和 3 个从节点。redis-trib 会打印出一份预想中的配置给你看，如果你觉得没问题的话，就可以输入 "yes"，redis-trib 就会将这份配置应用到集群当中，让各个节点开始互相通信，最后可以得到如下信息：

```
[OK] All 16384 slots covered
```

这表示集群中的 16384 个槽都有至少一个主节点在处理，集群运作正常。

3. 通过 redis-cli 向集群写入数据

测试 Redis 集群比较简单的办法就是使用 redis-cli。这里以 redis-cli 为例来进行演示：

```
$ redis-cli -c -p 7000
redis 127.0.0.1:7000> set foo bar
-> Redirected to slot [12182] located at 127.0.0.1:7002
OK
redis 127.0.0.1:7002> set hello world
-> Redirected to slot [866] located at 127.0.0.1:7000
OK
redis 127.0.0.1:7000> get foo
-> Redirected to slot [12182] located at 127.0.0.1:7002
"bar"
redis 127.0.0.1:7000> get hello
-> Redirected to slot [866] located at 127.0.0.1:7000
"world"
```

从上面的例子可以看出，redis-cli 对集群的支持是非常简单的，即总是将命令发送给一个 Redis 集群节点，这个节点会将命令重定向（Redirect）到正确的节点。一个真正的（Serious）集群客户端应该做得比这更好：它应该用缓存记录起 Hash 槽与节点地址之间的映射关系，从而直接将命令发送到正确的节点上面。这种映射只会在集群的配置出现某些修改时变化（比如故障转移或者管理员通过添加节点或移除节点来修改集群布局等）。

4. 通过 Java 程序向集群写入数据

```java
public static void main(String[] args) {
    Set<HostAndPort> nodes = new LinkedHashSet<>();
    // 添加节点
    nodes.add(new HostAndPort("127.0.0.1", 7000));
    nodes.add(new HostAndPort("127.0.0.1", 7001));
    nodes.add(new HostAndPort("127.0.0.1", 7002));
    nodes.add(new HostAndPort("127.0.0.1", 7003));
    nodes.add(new HostAndPort("127.0.0.1", 7004));
    nodes.add(new HostAndPort("127.0.0.1", 7005));

    // 连接集群
    JedisCluster jedis = new JedisCluster(nodes, new JedisPoolConfig());

    // 写数据
    System.out.println(jedis.set("aaa","123"));
    // 读数据
    System.out.println(jedis.get("aaa"));
}
```

任务评价

填写任务评价表，如表 6.2 所示。

表 6.2 任务评价表

任务步骤和方法	工作任务清单	完成情况
1. 启动实例	创建文件夹	
	创建配置文件	
	启动实例	
2. 搭建集群	使用 redis-trib 配置集群	
3. 使用集群	通过 redis-clis 使用集群	
4. 编写 Java 程序	编写 Java 程序对集群进行读写操作	

任务拓展

1. 在外网环境下，搭建 Redis 集群。
2. 使用 Java 程序对 Redis 集群进行更复杂的数据操作。

任务 6.3 持久化 Redis 数据

任务情境

【任务场景】

我们熟悉的各类关系型数据库，都支持丰富的数据持久化机制，用来确保我们的数据在异常情况下仍然安全。虽然 Redis 经常被用在数据缓存之类的场景中，但其同样支持对数据的持久化。

【任务布置】

对 Redis 开启持久化功能。

任务准备

6.3.1 Redis 持久化

6.3.1　Redis 持久化　　6.3.1　Redis 持久化

Redis 提供了两种持久化方式：

（1）RDB（Redis DataBase）持久化，以指定的时间间隔保存数据集的快照（Snapshot）。

（2）AOF（Append Only File）持久化，记录所有的写操作，并在服务器启动时重新执行这些命令，以还原数据集。

两种持久化方式各有优缺点。

RDB 持久化的优点有：

（1）RDB 持久化的文件非常紧凑，它保存了 Redis 在某个时间点上的完整数据集。

（2）RDB 非常适合用作灾难恢复，并且因为该方式只产生一个内容紧凑的文件，因此可以考虑加密后传入云服务器进行备份。

（3）RDB 可以最大化 Redis 的性能，在保存 RDB 文件时，Redis 会创建一个子进程来处理，本身的主进程不会进行磁盘 I/O 操作。

（4）RDB 在恢复大数据集时的速度比 AOF 的恢复速度要快。

RDB 持久化的缺点也很明显：

（1）因为 RDB 会保存完整的数据集，因此保存的时间粒度较大。例如可以设置 5 分钟保存一次 RDB 文件，这种情况下，若系统出现问题，则在上一次系统自动保存 RDB 文件之后的数据变更将无法恢复。

（2）每次保存 RDB 文件时，Redis 都会创建一个子进程来处理，在数据集比较庞大时，创建子进程可能会非常耗时，造成服务器在毫秒级甚至秒级内停止处理客户端的请求。

与之相比，AOF 持久化有如下优点：

（1）使用 AOF 持久化策略，会使 Redis 变得非常耐久（Much More Durable）。用户可以设置不同的 fsync 策略，例如无 fsync、每秒一次 fsync（默认设置），或者每次执行写入或修改命令时进行 fsync。在每秒进行一次 fsync 的情况下，Redis 仍可以保持良好的性能，并且即使发生系统故障，最多只会丢失一秒的数据。

（2）AOF 文件是一个只进行追加写入的日志文件，因此对 AOF 文件的写入不需要进行额外的 seek 操作。

（3）Redis 可以在 AOF 文件变得过大时，自动对文件进行重写。重写后的新 AOF 文件只包含恢复当前数据集所需的最小命令集合，并且整个重写操作是绝对安全的。

（4）AOF 文件，实际上就是对数据库执行的所有写操作的有序集合，这些操作以 Redis 协议的形式进行保存，方便进行阅读和分析。

但 AOF 的特性，同样使其具有如下缺点：

（1）因为 AOF 记录了每个写操作，因此对于同一个数据集来说，AOF 文件通常要大于 RDB 文件。

（2）由于 fsync 操作的存在，开启 AOF 之后 Redis 响应请求的速度可能会慢于 RDB。不过总的来说，在每秒 fsync 操作的情况下 Redis 的性能依然非常高。

6.3.2　持久化策略选择

总的来说，如果想要更高的数据安全性，则可以同时使用 RDB 持久化、AOF 持久化两种策略。

6.3.2　持久化策略选择

6.3.2　持久化策略选择

如果用户对于数据安全性要求不高，允许丢失分钟级的数据，那么可以考虑只使用 RDB 持久化。

很多用户在实践中只使用 AOF 持久化，官方并不推荐这种做法，原因是定时生成 RDB 文件便于对数据库进行备份，并且 RDB 恢复数据的速度要比 AOF 更快。

官方也意识到了两种持久化的互补性，因此未来有可能会将两种持久化策略进行整合，形成一个单独的策略。

任务实施

【工作流程】

开启 Redis 持久化的操作非常简单：
（1）配置 RDB 持久化。
（2）配置 AOF 持久化。

【操作步骤】

1. 配置 RDB 持久化

在 Redis 根目录下，有一个名为 redis.conf 的配置文件，我们将其打开。由于 Redis 默认会开启 RDB，因此搜索关键字"save"，找到文件中已经存在的配置信息如下所示。

```
save 900 1
```

```
save 300 10
save 60 10000
```

可以看到上面有 3 条配置信息，其中第一条表示 900 秒内有 1 条写入操作时，就进行保存。后面两条命令的含义以此类推。如果觉得这些参数不合适，则可以进行相应的修改，也可以添加新的 save 命令。

2. 配置 AOF 持久化

要开启 AOF 持久化，同样是打开 Redis 根目录下的 redis.conf 配置文件，我们搜索关键字 "appendonly"，可以看到如下的配置。

```
appendonly yes
appendfilename "appendonly.aof"
appendfsync everysec
```

appendonly 参数用来控制是否开启 AOF 持久化，默认为"no"，我们这里将其设置为 yes。
appendfilename 参数用来设置文件的名字，这里使用默认值 "appendonly.aof"。
appendfsync 参数支持以下 3 种设置：
（1）everysec 表示每秒保存一批写入操作。
（2）always 表示每次写入操作都保存。
（3）no 表示让 Redis 系统决定何时保存写入操作。
我们这里将其设置为 everysec。

【思政小课堂】持久化的危机意识

某大型在线零售企业，在其业务高峰时段，由于流量剧增，数据库负载压力巨大，导致部分用户的购物体验受到影响，出现了订单处理延迟的问题。为了解决这个问题，该企业引入了 Redis 作为缓存层，并采用了持久化策略，将热点商品数据、用户购物车信息等关键数据存储在 Redis 中。

然而在某次突发情况下，Redis 集群遭遇了硬件故障，导致大部分缓存数据丢失。幸运的是由于该企业提前配置了 Redis 的持久化功能，所有的关键数据都得到了有效的备份。在故障发生后，企业迅速启动了恢复流程，利用持久化数据快速重建了 Redis 集群，并恢复了丢失的缓存数据。

此后，该企业进一步加强了 Redis 的持久化配置和管理，定期检查和备份持久化文件，确保在任何突发情况下都能快速恢复数据。同时，企业还加强了 Redis 集群的监控和预警机制，及时发现并解决潜在问题，保障了业务的稳定运行。

【危机意识】该企业案例提醒我们，日常都需要有备份和预防的意识。程序工作需要定期备份代码、数据和文档，以防万一发生意外导致数据丢失；而生活需要为未来的不确定性做好准备，比如储蓄、保险和健康管理等。

【技术自信】Redis 持久化不仅确保了数据的可靠性和安全性，还在危机时刻帮助企业迅速恢复了业务运行，避免了更大的损失。当 Redis 遭遇故障或数据丢失时，持久化策略可以迅速恢复。在软件开发和运维中面临挑战和危机时，我们也要保持冷静和从容，依靠平时积累的技术和经验来灵活应对。同时我们也要善于从挑战和危机中汲取教训，不断提升自己的应变能力。

归纳总结

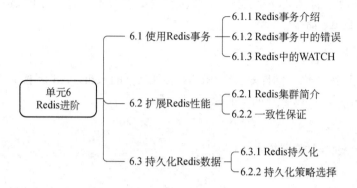

在线测试

单元 7　Redis 综合应用

单元 7　Redis 综合应用

学习目标

通过本单元的学习，学生能够了解工业界常见的 Redis 使用场景，并学会使用 Redis 解决一些应用系统中的典型问题。

任务 7.1　实现 session 共享

任务情境

【任务场景】

在单机 Web 系统中，用户登录成功后，访问系统其他页面无须二次登录的这种特性，通常是使用 session（会话）机制来完成的。但在分布式系统中，由于保存在各服务器中的 session 是相互独立的，因此会产生一个问题，即用户 A 第一次访问，由于负载均衡访问到了服务器 1，则该 session 保存在服务器 1 中；但在后续访问其他页面时，则被负载均衡到了服务器 2 上，由于服务器 2 没有用户 A 第一次访问的 session，因此会提示用户没有登录，从而提示用户重新登录并生成新的 session，而原来储存在服务器 1 中的 session 就失效了，最终导致用户每次访问服务器，都需要重新登录。

【任务布置】

构建一个用户登录服务，使用 Redis 实现 session 共享，使得在分布式系统中，用户的访问被负载均衡到不同服务器上，无须重复登录。

任务准备

7.1.1　构建用户登录服务

7.1.1　构建用户登录服务

这里，我们模拟一个网站的用户登录功能，主要包含以下几个功能：

（1）用户直接打开登录页面进行登录。
（2）用户登录之后，跳转到主页。

7.1.1　构建用户登录服务

（3）若未登录的情况下访问主页，则跳转到登录页面。

那么，如何判断用户是否已登录呢？这里使用 session 机制来实现。该功能可以划分为以下两个部分：

（1）用户第一次连接到服务器后，会产生一个 session（会话）。在用户登录成功后，我们把用户的个人信息存入 session 中，来标记该用户已登录过。而该用户的 session ID 会以 cookie 的形式保存在用户的浏览器中（这是 session 的工作机制）。

（2）用户在后续的访问过程中，每次发送给服务器的请求，都会携带这个 session ID，我们在接收到用户请求后，使用这个 session ID 来获取服务器中 session 里存储的个人信息，如果能获取成功，则说明当前用户已经登录，否则就是未登录。这一部分功能，需要在过滤器中实现。当用户请求的页面需要用户的状态是已登录时，过滤器会判断用户是否已登录，是的话就放行，不是的话则跳转到登录页面。

针对用户登录，我们需要创建一个 Servlet 来处理用户的登录请求。下面给出的是 Servlet 中处理登录的方法。

```java
protected void doPost(HttpServletRequest req, HttpServletResponse resp) throws
ServletException, IOException {
    String username = req.getParameter("username");
    String pwd = req.getParameter("pwd");
    // 这里简单模拟判断用户名和密码是否正确
    if("jack".equals(username)&&"123".equals(pwd)){
        //登录成功，用户信息被放入 session 中
        HttpSession session = req.getSession();
        session.setAttribute("username","jack");
        //重定向到主页
        resp.sendRedirect("welcome.jsp");
    }else{
        //登录失败，跳转到登录页面
        req.setAttribute("errorMsg","用户名或者密码错误");
        req.getRequestDispatcher("login.jsp").forward(req,resp);
    }
}
```

从上面代码中可以看出，当判断用户名和密码正确之后，我们将用户的信息（此处是用户名）存到 session 中，然后重定向到主页。

除此之外，我们还需要一个过滤器（Filter）来实现用户是否已登录的检查。下面给出示例代码。

```java
public void doFilter(ServletRequest servletRequest, ServletResponse servletResponse,
    FilterChain filterChain) throws IOException, ServletException {
    HttpServletRequest request = (HttpServletRequest) servletRequest;
    HttpServletResponse response = (HttpServletResponse) servletResponse;
```

```
    // 当前请求是无须过滤的url，则放行
    if(Arrays.asList(exceptUrls).contains(request.getServletPath())){
        filterChain.doFilter(servletRequest,servletResponse);
        return;
    }
    //当前请求是需要过滤的url，则进行用户是否已经登录的验证
    HttpSession session = request.getSession();
    String username = (String) session.getAttribute("username");

    if(StringUtils.isEmpty(username)){
        //没有登录，重定向到登录页面
        response.sendRedirect("login.jsp");
    }else{
        //已登录，放行
        filterChain.doFilter(servletRequest,servletResponse);
        return;
    }
}
```

在过滤器的示例中，我们首先判断当前页面是否需要验证登录信息（即是否需要过滤），如果无须过滤，则直接放行。对于需要过滤的 url，我们获取该用户的 session，然后检查 session 中是否存有用户信息（这里是用户名），如果没有保存用户信息，则表示用户未登录，重定向到登录页面，否则直接放行。

上面的核心代码，实现了用户登录检查的功能。当用户直接访问 welcome.jsp 页面时，过滤器会进行拦截，判断用户是否已登录，只有已登录用户才能访问该页面。这种使用标准 session 机制实现的用户登录检查，在单机系统下可以正常工作，但在分布式系统下，则会出现问题。

7.1.2 使用 Redis 实现 session 共享

7.1.1 节通过使用标准 session 机制，实现了单机系统下的用户登录检查。但在分布式系统中，这种机制是有问题的。问题的原因我们本单元的开头有过介绍，本质就是分布式系统中，多台服务器 session 是独立存储的，因此每次请求负载均衡到不同服务器上时，都会导致之前的 session 找不到，从而创建新的 session 覆盖掉用户浏览器中的 cookie，最终出现用户频繁掉线反复登录的情况。

对于这种问题，我们可以通过将 session 中保存的用户信息存入 Redis 中，来达到 session 在多服务器之间共享的效果。下面对 7.1.1 节中的两部分代码进行改进。

首先对登录功能进行修改，示例代码如下。

```
protected void doPost(HttpServletRequest req, HttpServletResponse resp) throws
    ServletException, IOException {
```

```java
        String username = req.getParameter("username");
        String pwd = req.getParameter("pwd");
        // 这里简单模拟判断用户名和密码是否正确
        if("jack".equals(username)&&"123".equals(pwd)){
            //登录成功,用户信息被放入 session 中
            HttpSession session = req.getSession();
            UserSession us = new UserSession(session.getId(), username);
            String usString = JSON.toJSONString(us);

            Jedis jedis = new Jedis("localhost", 6379);
            jedis.set("session:" + session.getId(),usString);
            jedis.close();

            //重定向到主页
            resp.sendRedirect("welcome.jsp");
        }else{
            //登录失败
            req.setAttribute("errorMsg","用户名或者密码错误");
            req.getRequestDispatcher("login.jsp").forward(req,resp);
        }
    }
```

当判断用户登录成功后,将用户信息存入 UserSession 这个自建的类型中。这里为了简单起见,UserSession 只有两个属性,分别记录用户名和 session ID。然后将用户数据序列化为 JSON 字符串并写入 Redis 中,最后跳转到 welcome.jsp 页面。

然后对过滤器进行修改,改进代码为:

```java
    public void doFilter(ServletRequest servletRequest, ServletResponse servletResponse,
    FilterChain filterChain) throws IOException, ServletException {
        HttpServletRequest request = (HttpServletRequest) servletRequest;
        HttpServletResponse response = (HttpServletResponse) servletResponse;
        // 当前请求是无须过滤的 url ,则放行
        if(Arrays.asList(exceptUrls).contains(request.getServletPath())){
            filterChain.doFilter(servletRequest,servletResponse);
            return;
        }
        //当前请求是需要过滤的 url,则进行用户是否已经登录的验证
        HttpSession session = request.getSession();

        Jedis jedis = new Jedis("localhost", 6379);
        String usString = jedis.get("session:" + session.getId());
        jedis.close();
        if(StringUtils.isEmpty(usString)){
```

```
            //没有登录，重定向到登录界面
            response.sendRedirect("login.jsp");
        }else{
            //已登录，从redis读取user session，并保存到session中
            UserSession us = JSON.parseObject(usString,UserSession.class);
            session.setAttribute("userSession", us);
            filterChain.doFilter(servletRequest,servletResponse);
            return;
        }
    }
```

改进的关键在于，通过从 Redis 中读取用户登录信息，来验证用户是否已登录。若 Redis 中保存了用户登录信息，则说明已登录，将登录信息保存到 session 中并放行。否则就是未登录，跳转到登录页面。

任务实施

【工作流程】

接下来，我们将编写代码来实现 session 共享。新建一个 Java Web 项目，命名为"redis_session"，然后进行如下操作：

（1）编写一个登录页面 login.jsp。
（2）编写一个欢迎页面 welcome.jsp。
（3）编写一个用户信息类 UserSession。
（4）编写一个 Servlet，即 loginServlet 处理用户登录。
（5）编写一个 Filter，即 LoginFilter 对用户登录进行检查。
下面我们来看具体代码实现。

【操作步骤】

（1）编写一个登录页面 login.jsp。

```jsp
<%@ page contentType="text/html;charset=UTF-8" language="java" %>
<html>
<head>
    <title>登录</title>
</head>
<body>
<%
    String msg = (String)request.getAttribute("errorMsg");
    if (msg == null){
        msg = "请输入用户名和密码：";
    }
%>
<form action="login-servlet" method="post">
```

```
    <%=msg%><br><br>
    用户名:<input type="text" name="username"><br>
    密   码:<input type="text" name="pwd"> <br>
    <input type="submit" value="登录"> <input type="reset" value="重置">
</form>
</body>
</html>
```

登录页面的主体,是一个 form 表单,用于输入用户名和密码,并将数据发送给处理登录的 Servlet。除此之外,如果用户名或密码错误,就会通过 request 将错误信息传递过来,接收之后予以显示。

(2)编写一个欢迎页面 welcome.jsp。

```
<%@ page contentType="text/html;charset=UTF-8" language="java" %>
<html>
<head>
    <title>欢迎</title>
</head>
<body>
<%
    UserSession us = (UserSession) session.getAttribute("userSession");
%>
welcome,<%=us.getUserName()%>, us.sessionID = <%=us.getSessionID()%>
</body>
</html>
```

欢迎页面非常简单,接收保存在 session 中的用户登录信息 UserSession,并把用户名和 session ID 打印出来。

(3)编写一个用户信息类 UserSession。

```
package com.example.redis_session;

public class UserSession {
    private String sessionID;
    private String userName;

    public String getSessionID() {
        return sessionID;
    }

    public void setSessionID(String sessionID) {
        this.sessionID = sessionID;
    }

    public String getUserName() {
```

```
        return userName;
    }

    public void setUserName(String userName) {
        this.userName = userName;
    }

    public UserSession(String sessionID, String userName) {
        this.sessionID = sessionID;
        this.userName = userName;
    }
}
```

UserSession 中保存了用户名和用户的 session ID（这里可以根据读者自己的需求进行扩展）。

（4）编写 loginServlet 处理用户登录。

```
import javax.servlet.annotation.WebServlet;
import javax.servlet.http.*;
import java.io.IOException;

import com.alibaba.fastjson.JSON;
import redis.clients.jedis.Jedis;

@WebServlet(name = "loginServlet2",value = "/login-servlet2")
public class LoginServlet2 extends HttpServlet {
    @Override
    protected void doPost(HttpServletRequest req, HttpServletResponse resp) throws ServletException, IOException {
        String username = req.getParameter("username");
        String pwd = req.getParameter("pwd");
        // 这里简单模拟判断用户名和密码是否正确
        if("jack".equals(username)&&"123".equals(pwd)){
            //登录成功,用户信息被放入 session 中
            HttpSession session = req.getSession();
            UserSession us = new UserSession(session.getId(), username);
            String usString = JSON.toJSONString(us);

            Jedis jedis = new Jedis("localhost", 6379);
            jedis.set("session:" + session.getId(),usString);

            //重定向到主页
            resp.sendRedirect("welcome.jsp");
            jedis.close();
        }else{
```

```java
            //登录失败
            req.setAttribute("errorMsg","用户名或者密码错误");
            req.getRequestDispatcher("login.jsp").forward(req,resp);
        }
    }
}
```

LoginServlet 中，接收传过来的用户名和密码，并进行验证（这里只进行了模拟验证），若用户名和密码正确，则将用户名和 session ID 放入自建的 UserSession 类型的实例中，并重定向到欢迎页面；否则跳回登录页面。

（5）编写 LoginFilter，对用户登录进行检查。

```java
package com.example.redis_session;

import javax.servlet.*;
import javax.servlet.annotation.WebFilter;
import javax.servlet.annotation.WebInitParam;
import javax.servlet.http.HttpServletRequest;
import javax.servlet.http.HttpServletResponse;
import javax.servlet.http.HttpSession;
import java.io.IOException;
import java.util.Arrays;

import com.alibaba.fastjson.JSON;
import org.springframework.util.StringUtils;
import redis.clients.jedis.Jedis;

@WebFilter(urlPatterns = "/*",initParams = {@WebInitParam(name = "exceptUrl", value = "/login-servlet&/login.jsp")} )
public class LoginFilter2 implements Filter {
    private String[] exceptUrls;

    @Override
    public void init(FilterConfig filterConfig) throws ServletException {
        //获取不过滤的 url
        String exceptUrl = filterConfig.getInitParameter("exceptUrl");
        exceptUrls = exceptUrl.split("&");
    }

    @Override
    public void doFilter(ServletRequest servletRequest, ServletResponse servletResponse, FilterChain filterChain) throws IOException, ServletException
    {
        HttpServletRequest request = (HttpServletRequest) servletRequest;
        HttpServletResponse response = (HttpServletResponse)
```

```
servletResponse;
        // 当前请求是无须过滤的 url，则放行
        if(Arrays.asList(exceptUrls).contains(request.getServletPath())){
            filterChain.doFilter(servletRequest,servletResponse);
            return;
        }
        //当前请求是需要过滤的 url，则进行用户是否已经登录的验证
        HttpSession session = request.getSession();

        Jedis jedis = new Jedis("localhost", 6379);
        String usString = jedis.get("session:" + session.getId());
        jedis.close();
        if(StringUtils.isEmpty(usString)){
            //没有登录，重定向到登录页面
            response.sendRedirect("login.jsp");
        }else{
            //已登录，从 redis 读取 user session，并保存到 session 中
            UserSession us = JSON.parseObject(usString,UserSession.class);
            session.setAttribute("userSession", us);
            filterChain.doFilter(servletRequest,servletResponse);
            return;
        }
    }

    @Override
    public void destroy() {
    }
}
```

对于过滤器，将登录页面和处理登录的 Servlet 设置为无须进行登录检查。然后每次检查用户是否已登录时，实际上都进行了一次查询，查询 Redis 中是否已保存了用户的登录信息，如果能查询到则说明已登录，直接放行；否则跳转到登录页面。

任务评价

填写任务评价表，如表 7.1 所示。

表 7.1 任务评价表

任务步骤和方法	工作任务清单	完成情况
编写代码 实现 Session 共享	编写一个登录页面 login.jsp	
	编写一个欢迎页面 welcome.jsp	
	编写一个用户信息类 UserSession	
	编写 loginServlet 处理用户登录	
	编写 loginFilter，对用户登录进行检查	

任务拓展

本任务示例介绍了如何在分布式系统下实现 session 共享,但与之类似的一个功能是我们常用的免密码登录功能(例如一周内免密码登录)。该功能可以使用与本示例类似的逻辑进行实现,感兴趣的读者可以考虑编写代码实现该功能。

任务 7.2 实现网页缓存

任务情境

【任务场景】

现实环境中,经常会有一些业务的计算比较复杂,用户等待结果的时间常常超过数秒或者一分钟,而这种复杂业务,往往对实时性要求不高。这种情况下,可以考虑对本次的结果进行缓存,短时间内有新的请求时,直接将缓存结果返回给用户即可。

在进行缓存的时候,可以对业务数据进行缓存,也可以选择对最终渲染的网页进行缓存,本任务将介绍如何对渲染的页面进行缓存。

【任务布置】

编写 Java 程序,对指定页面进行缓存。

任务准备

7.2.1 模拟复杂业务场景

7.2.1 模拟复杂业务场景   7.2.1 模拟复杂业务场景

我们通过一段简单的代码,来模拟复杂业务。

```java
public void doGet(HttpServletRequest request, HttpServletResponse response) throws
    IOException {
        response.setContentType("text/html");
        // 模拟长耗时操作
        try {
            Thread.sleep(2000);
            int[] array = new int[10];
            for(int i=0;i<array.length;i++){
                array[i] = i+1;
            }
            request.setAttribute("array",array);
request.getRequestDispatcher("/test.jsp").forward(request,response);
```

```
        } catch (InterruptedException | ServletException e) {
        }
    }
```

从上面的示例代码可以看到，我们通过让程序"睡眠"2 秒，来模拟一个复杂操作，然后生成一个包含 10 个元素的数组，并保存到 request 中。最后跳转到结果页面。

在结果页面中，我们将获取传递过来的数组，并把数组中的元素打印出来。

7.2.2 实现页面缓存

要实现页面的缓存，我们需要引入一个过滤器。在用户正常请求我们的服务时，我们用过滤器来判断，若已对结果页面进行了缓存，则将缓存从 Redis 中取出并返回给用户；否则，先放行，然后对处理结果进行缓存，再返回给用户。

下面是示例代码。

```
    public void doFilter(ServletRequest request, ServletResponse response, FilterChain
    chain) throws ServletException, IOException {
        HttpServletRequest req = (HttpServletRequest) request;
        HttpServletResponse resp = (HttpServletResponse) response;

        // 获取 Path:
        String uri = req.getRequestURI();
        // 获取缓存
        Jedis jedis = new Jedis("localhost", 6379);
        String key = "page_cache:" + uri;
        String cachedData = jedis.get(key);
        byte[] data;

        if(StringUtils.isEmpty(cachedData)){
            // 无缓存数据
            MyServletResponseWrapper wrapper = new MyServletResponseWrapper(resp);
            chain.doFilter(request, wrapper);

            data = wrapper.getContent();
            System.out.println("data.length = " + data.length);
            jedis.set(key, new String(data, "UTF-8"));
            jedis.expire(key, 10);
        }else{
            data = cachedData.getBytes(StandardCharsets.UTF_8);
        }
        ServletOutputStream output = resp.getOutputStream();
```

```
        output.write(data);
        output.flush();
        jedis.close();
    }
```

从上面的示例代码中可以看到,当没有缓存的时候,我们使用了一个包装类(MyServletResponseWrapper)对 response 进行了包装,这么做的目的是获取最终渲染出来的结果页面。获取到结果页面数据后,我们先将其缓存到 Redis 中(此处将缓存时间设为 10 秒),然后再写回到原始 response 里,并最终返回给用户。

MyServletResponseWrapper 包装类主要用于截获正常业务流程中返回给用户的最终数据。这个数据实际上是渲染完成的 JSP 页面。

任务实施

【工作流程】

接下来,我们将编写代码来实现页面缓存。新建一个 Java Web 项目,命名为"redis_page_cache",然后进行如下操作:

(1)编写主页面 index.jsp,用户在该页面通过单击超链接发起请求。
(2)编写一个 TestServlet,处理用户请求。
(3)编写结果页面 result.jsp,接收 TestServlet 传递过来的数据并显示给用户。
(4)编写一个 MyServletResponseWrapper 类,用于对 response 进行包装。
(5)编写一个 CacheFilter,用于缓存页面。

【操作步骤】

1. 编写主页面 index.jsp

主页面很简单,由提示信息和一个超链接组成。用户通过单击超链接,向服务器发起请求。

```jsp
<%@ page contentType="text/html; charset=UTF-8" pageEncoding="UTF-8" %>
<!DOCTYPE html>
<html>
<head>
    <title>JSP - Page Cache Test</title>
</head>
<body>
<h1><%= "Page Cache Test" %>
</h1>
<br/>
<a href="test-servlet">Test Servlet</a>
</body>
</html>
```

2. 编写一个 TestServlet

TestServlet 使用睡眠的方式模拟复杂业务场景。

```java
package com.example.redis_page_cache;

import java.io.*;
import javax.servlet.ServletException;
import javax.servlet.http.*;
import javax.servlet.annotation.*;

@WebServlet(name = "testServlet", value = "/test-servlet")
public class TestServlet extends HttpServlet {
    public void doGet(HttpServletRequest request, HttpServletResponse response) throws IOException {
        response.setContentType("text/html");
        // 模拟长耗时操作
        try {
            Thread.sleep(2000);
            int[] array = new int[10];
            for(int i=0;i<array.length;i++){
                array[i] = i+1;
            }
            request.setAttribute("array",array);
            request.getRequestDispatcher("/result.jsp").forward(request, response);
        } catch (InterruptedException | ServletException e) {
        }
    }
}
```

3. 编写结果页面 result.jsp

在结果页面中，从 request 中获取 TestServlet 传递过来的参数 "array"，并进行显示。

```jsp
<%@ page import="java.nio.charset.StandardCharsets" %><%--
  Created by IntelliJ IDEA.
  User: jiaxin
  Date: 2022/3/10
  Time: 5:49 PM
  To change this template use File | Settings | File Templates.
--%>
<%@ page contentType="text/html;charset=UTF-8" language="java" %>
<html>
<head>
    <title>test1</title>
</head>
```

```jsp
<body>
<%
    int[] array = (int[])request.getAttribute("array");
    for(int i=0;i<array.length;i++){
       out.println(array[i] + "<br>");
    }
%>
</body>
</html>
```

4. 编写一个 MyServletResponseWrapper 类

建立 response 包装类，截获服务器给用户返回的页面渲染数据。

```java
package com.example.redis_page_cache;


import javax.servlet.ServletOutputStream;
import javax.servlet.WriteListener;
import javax.servlet.http.HttpServletResponse;
import javax.servlet.http.HttpServletResponseWrapper;
import java.io.*;

public class MyServletResponseWrapper extends HttpServletResponseWrapper {
    private boolean open = false;
    private ByteArrayOutputStream output;
    private PrintWriter writer;

    public MyServletResponseWrapper(HttpServletResponse response) {
        super(response);
        output = new ByteArrayOutputStream();
        writer = new PrintWriter(output);
    }

    // 获取 Writer:
    public PrintWriter getWriter() throws IOException {
        if (open) {
            throw new IllegalStateException("Cannot re-open writer!");
        }
        open = true;
        return writer;
    }

    // 获取 OutputStream:
    public ServletOutputStream getOutputStream() throws IOException {
        if (open) {
            throw new IllegalStateException("Cannot re-open output stream!");
```

```
            }
            open = true;
            return new ServletOutputStream() {
                public boolean isReady() {
                    return true;
                }

                public void setWriteListener(WriteListener listener) {
                }

                // 实际写入 ByteArrayOutputStream:
                public void write(int b) throws IOException {
                    output.write(b);
                }
            };
        }

        // 返回写入的 byte[]:
        public byte[] getContent() {
            try{
                writer.flush();
                return output.toByteArray();
            }
            catch (Exception e){
                e.printStackTrace();
                return null;
            }
        }
    }
}
```

5. 编写一个 CacheFilter

拦截用户请求，判断结果页面是否已缓存。如已缓存，则直接返回给用户；否则先执行正常的业务逻辑，然后对最终结果页面数据进行缓存并返回给用户。

```
package com.example.redis_page_cache;

import org.springframework.util.StringUtils;
import redis.clients.jedis.Jedis;

import javax.servlet.*;
import javax.servlet.annotation.*;
import javax.servlet.http.HttpServletRequest;
import javax.servlet.http.HttpServletResponse;
import java.io.IOException;
```

```java
import java.nio.charset.StandardCharsets;

@WebFilter("/hello-servlet")
public class CacheFilter implements Filter {
    public void init(FilterConfig config) throws ServletException {
    }

    public void destroy() {
    }

    @Override
    public void doFilter(ServletRequest request, ServletResponse response,
FilterChain chain) throws ServletException, IOException {
        HttpServletRequest req = (HttpServletRequest) request;
        HttpServletResponse resp = (HttpServletResponse) response;

        // 获取 Path:
        String uri = req.getRequestURI();

        // 获取缓存
        Jedis jedis = new Jedis("localhost", 6379);
        String key = "page_cache:" + uri;
        String cachedData = jedis.get(key);
        byte[] data;

        if(StringUtils.isEmpty(cachedData)){
            // 无缓存数据
            MyServletResponseWrapper wrapper = new MyServletResponseWrapper(resp);

            chain.doFilter(request, wrapper);

            data = wrapper.getContent();
            jedis.set(key, new String(data, "UTF-8"));
            jedis.expire(key, 10);
        }else{
            data = cachedData.getBytes(StandardCharsets.UTF_8);
        }
        ServletOutputStream output = resp.getOutputStream();
        output.write(data);
        output.flush();

        jedis.close();
    }
}
```

任务评价

填写任务评价表，如表 7.2 所示。

表 7.2　任务评价表

任务步骤和方法	工作任务清单	完成情况
编写代码实现页面缓存	编写主页面 index.jsp，用户在该页面通过点击超链接发起请求	
	编写一个 TestServlet，处理用户请求	
	编写结果页面 result.jsp，接收 TestServlet 传递过来的数据并显示给用户	
	编写一个 MyServletResponseWrapper 类，用于对 response 进行包装	
	编写一个 CacheFilter，用于缓存页面	

任务拓展

寻找一个真实的复杂业务场景，对其结果页面进行缓存。

【思政小课堂】精神也有"内存泄露"

Redis 内存泄露在企业环境中的案例并不罕见，这通常是由于不恰当的配置、代码错误或长时间运行的进程中的内存管理问题所导致的。

某家电商企业使用 Redis 作为缓存层，存储商品的热门搜索、用户会话等信息，以加速网站响应速度。随着业务的发展，发现 Redis 占用的内存持续增长，甚至达到了服务器物理内存的极限，导致系统性能下降，出现宕机。排查下来发现 Redis 的 used_memory 指标异常且持续增长，热门搜索相关 key 的值异常大，且数量不断增加。通过查看 Redis 的监控数据和日志，发现开发人员在实现热门搜索业务功能时，错误地将大量数据写入了 Redis，且没有设置合理的过期时间或删除策略。此外在 Redis 的配置文件中，内存限制和淘汰策略设置得不合理，会导致内存溢出。

企业对导致内存泄露的代码进行紧急修复，为 Redis 的配置文件设置淘汰策略，建立定期的监控机制，及时发现并处理异常的 key 和内存占用情况，同时定期清理不再需要的数据，释放内存空间，尽快减少损失。

【科学思维】该企业 Redis 内存泄露事件提醒我们，无论是技术系统还是人生，都需要进行定期检查和维护。如果 Redis 的内存管理没有得到适当的监控和调优，就可能出现内存泄露的问题。古人云："吾日三省吾身。"，如果我们不对自己的人生进行定期反思和调整，也可能会陷入一种"内存泄露"的状态，即心灵或精神的负担不断积累，导致我们无法前进。作为程序员，我们也应该辩证地看待问题、理性地思考问题、高效地解决问题，养成定期检查优化代码的习惯，并且保持学习跟上技术革新。

【职业素养】该事件也提醒我们在软件开发过程中要严格遵守软件开发和维护的专业标准和规范，严格遵循规定的程序编写流程，养成良好的程序注释习惯，避免造成不必要的损失。

归纳总结

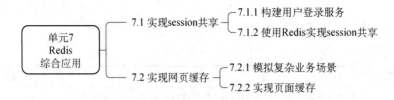